高等学校公共基础课系列教材

《物理学原理及工程应用》学习手册

主编　吴玲　石小燕　赵超樱

西安电子科技大学出版社

内 容 简 介

本书结合高等学校大学物理课程，根据研讨式、翻转课堂式等教学改革的实际情况和编者多年的教学经验编写而成，内容满足理工科类大学物理课程教学的基本要求。本书按照教学单元划分为31个单元，每个单元包括知识要点、测试题、研讨与实践三大栏目。

本书可与《物理学原理及工程应用(上册)》(西安电子科技大学出版社，2021)和《物理学原理及工程应用(下册)》(西安电子科技大学出版社，2021)配套使用，也可作为大学物理、普通物理学等课程的教学用书或自学辅导参考书。

图书在版编目(CIP)数据

《物理学原理及工程应用》学习手册/吴玲，石小燕，赵超樱主编. --西安：西安电子科技大学出版社，2024.3

ISBN 978-7-5606-7179-6

Ⅰ. ①物… Ⅱ. ①吴… ②石… ③赵… Ⅲ. ①物理学—高等学校—教学参考资料 Ⅳ. ①O4

中国国家版本馆CIP数据核字(2024)第008512号

策　　划　陈婷
责任编辑　陈婷
出版发行　西安电子科技大学出版社(西安市太白南路2号)
电　　话　(029)88202421　88201467　　邮　　编　710071
网　　址　www.xduph.com　　电子邮箱　xdupfxb001@163.com
经　　销　新华书店
印刷单位　陕西天意印务有限责任公司
版　　次　2024年3月第1版　2024年3月第1次印刷
开　　本　787毫米×1092毫米　1/16　印张9.5
字　　数　222千字
定　　价　28.00元
ISBN 978-7-5606-7179-6/O

XDUP 7481001-1

前　言

本书是与《物理学原理及工程应用(上册)》(西安电子科技大学出版社，2021)和《物理学原理及工程应用(下册)》(西安电子科技大学出版社，2021)配套的学习辅导用书。

主教材《物理学原理及工程应用(上册)》和《物理学原理及工程应用(下册)》是结合大学物理课程教学改革的经验编写而成的。与教材同名的“物理学原理及工程应用”课程自2015年开设至今，开展了研讨式教学、翻转课堂式教学、线上线下混合式教学等多项改革实践。为适应教学需求，我们编写了本学习手册。其特点如下：

(1) 按教学单元划分并设计了“知识要点”栏目。此栏目中提炼了主教材的知识点，其内容简洁、逻辑清晰。全书共有31个单元，包括力学、热学、电磁学、振动、机械波、波动光学、相对论、量子物理等内容。

(2) 每个单元设有“测试题”栏目，可用于检验学生的学习效果。

(3) 每个单元设有“研讨与实践”栏目，深入研讨了与教学内容相关的思政实践类案例、工程应用性专题、科学前沿问题等内容，扩展了知识的广度和深度。该栏目适合研讨式教学和翻转课堂式教学。

本书单元1至单元5、单元17至单元20由石小燕副教授编写，单元6至单元9、单元21至单元24由赵超樱教授编写，单元10至单元16、单元25至单元31由吴玲副教授编写。

本书部分测试题选自杭州电子科技大学内部使用的大学物理习题集，测试题中的图片由赵金涛教授绘制；部分思政实践类案例参考了吴跃丽、乔丽颜、邵春强等老师的课程思政教学设计案例。在此感谢杭州电子科技大学理学院公共物理教研室的老师们，感谢关心、指导我们教改工作的领导和同仁。

在编写本书的过程中，我们参考了国内外院校的一些教材以及国内外科研机构网站的文章，在此谨向相关作者表示衷心的感谢。

本书获杭州电子科技大学教材立项出版资助，在此表示衷心的感谢。

由于编者水平有限，书中不妥之处在所难免，恳请读者批评指正！

编　者

2023年10月

目　录

单元1 质点运动学

一、知识要点

1. 确定物体的运动状态

质点是运动学中对给定研究对象的一种抽象表达，即只把物体看作是一个有质量的点。由运动质点的位矢、位移、速度和加速度即可确定其运动状态。如图1-1所示，直角坐标系内，某一时刻质点所在方位可由从坐标原点 O 指向质点所在位置的有向射线 $\boldsymbol{r}$ 确定，称其为质点的位置矢量，简称位矢。例如：P_1 和 P_2 点的位矢分别是 $\boldsymbol{r}_1$ 和 $\boldsymbol{r}_2$。质点方位的变化即位移，记作 $\Delta\boldsymbol{r}$：

$$\Delta\boldsymbol{r}=\boldsymbol{r}_2-\boldsymbol{r}_1=(x_2-x_1)\boldsymbol{i}+(y_2-y_1)\boldsymbol{j}+(z_2-z_1)\boldsymbol{k}=\Delta x\boldsymbol{i}+\Delta y\boldsymbol{j}+\Delta z\boldsymbol{k} \tag{1-1}$$

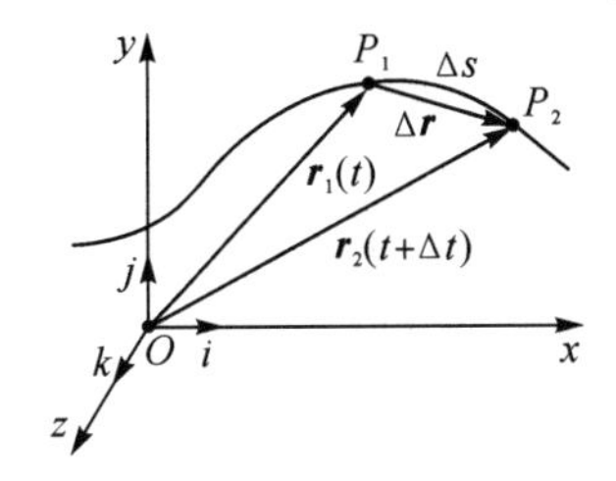

(a) 位矢和位移

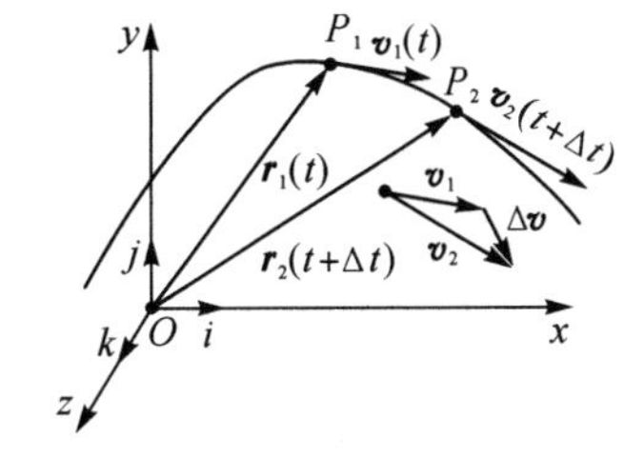

(b) 速度和加速度

图1-1　位矢、位移、速度、加速度示意图

平均速度：位移 $\Delta\boldsymbol{r}$ 与其对应时间间隔 Δt 的比值，即

$$\bar{\boldsymbol{v}}=\frac{\Delta\boldsymbol{r}}{\Delta t} \tag{1-2}$$

平均速率：路程 Δs 与其对应时间间隔 Δt 的比值，即

$$\bar{v}=\frac{\Delta s}{\Delta t} \tag{1-3}$$

因为位移大小与路程并不总是相等，即 $|\Delta\boldsymbol{r}|\neq\Delta s$，所以 $|\bar{\boldsymbol{v}}|\neq\bar{v}$。

速度(瞬时速度的简称)：Δt 趋近于零时，平均速度的极限值，即位矢对时间的一阶导数，表示质点位置的变化率，可表示为

$$\boldsymbol{v}=\lim_{\Delta t\to 0}\frac{\Delta\boldsymbol{r}}{\Delta t}=\frac{\mathrm{d}\boldsymbol{r}}{\mathrm{d}t} \tag{1-4}$$

速率(瞬时速率的简称)：速度大小。当 Δt 无限减小趋近于零时，$|\mathrm{d}\boldsymbol{r}|=\mathrm{d}s$，故

$$|\boldsymbol{v}|=\left|\frac{\mathrm{d}\boldsymbol{r}}{\mathrm{d}t}\right|=\frac{\mathrm{d}s}{\mathrm{d}t}=v \tag{1-5}$$

要特别注意区分、辨析和理解平均速度、平均速率和瞬时速度三个基本概念。

平均加速度：速度增量 $\Delta\boldsymbol{v}$ 与其对应时间间隔 Δt 的比值，即

$$\bar{\boldsymbol{a}}=\frac{\boldsymbol{v}(t+\Delta t)-\boldsymbol{v}(t)}{\Delta t}=\frac{\Delta\boldsymbol{v}}{\Delta t} \tag{1-6}$$

平均加速度矢量方向与速度增量的方向一致。

加速度(瞬时加速度的简称)：Δt 趋于零时，平均加速度的极限值，即速度对时间的一阶导数，也等于位矢对时间的二阶导数，反映了速度的变化率，可表示为

$$\boldsymbol{a}=\lim_{\Delta t\to 0}\frac{\Delta\boldsymbol{v}}{\Delta t}=\frac{\mathrm{d}\boldsymbol{v}}{\mathrm{d}t}=\frac{\mathrm{d}}{\mathrm{d}t}\left(\frac{\mathrm{d}\boldsymbol{r}}{\mathrm{d}t}\right)=\frac{\mathrm{d}^2\boldsymbol{r}}{\mathrm{d}t^2} \tag{1-7}$$

2. 曲线运动的描述

圆周运动是最特殊、最简单的曲线运动，理解圆周运动有助于帮助理解其他类型的曲线运动问题。做圆周运动的质点，其运动轨迹是半径固定的圆，可以采用直角坐标系、自然坐标系和平面极坐标系分析圆周运动。直角坐标系和自然坐标系示意图如图 1－2 所示。

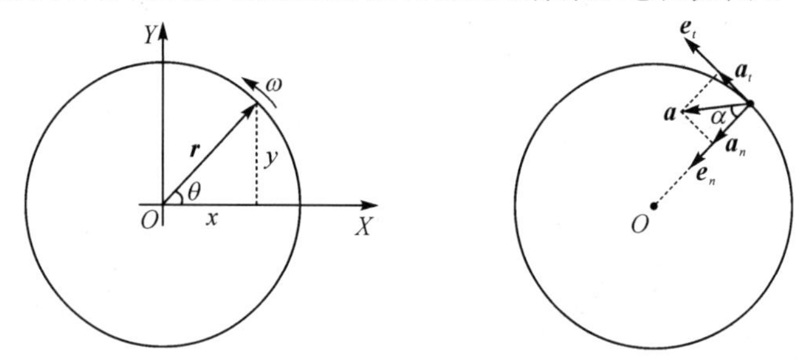

(a) 直角坐标系　　(b) 自然坐标系

图 1－2　直角坐标系和自然坐标系示意图

在直角坐标系下，质点做圆周运动的运动状态可表示为

位矢：

$$\boldsymbol{r}=x\boldsymbol{i}+y\boldsymbol{j}=r\cos\theta\boldsymbol{i}+r\sin\theta\boldsymbol{j}=r\cos\omega t\boldsymbol{i}+r\sin\omega t\boldsymbol{j} \tag{1-8}$$

速度：

$$\boldsymbol{v}=\frac{\mathrm{d}\boldsymbol{r}}{\mathrm{d}t}=-r\omega\sin\omega t\boldsymbol{i}+r\omega\cos\omega t\boldsymbol{j} \tag{1-9}$$

加速度：

$$\boldsymbol{a}=\frac{\mathrm{d}\boldsymbol{v}}{\mathrm{d}t}=-\omega^2(r\cos\omega t\boldsymbol{i}+r\sin\omega t\boldsymbol{j})=-\omega^2\boldsymbol{r} \tag{1-10}$$

自然坐标系下，质点做圆周运动的运动状态可表示为

自然坐标：

$$s=r\theta \tag{1-11}$$

速度：

$$\boldsymbol{v}=v\boldsymbol{\tau}=\frac{\mathrm{d}s}{\mathrm{d}t}\boldsymbol{\tau}=r\frac{\mathrm{d}\theta}{\mathrm{d}t}\boldsymbol{\tau}=r\omega\boldsymbol{\tau} \tag{1-12}$$

加速度：

$$\boldsymbol{a}=\frac{\mathrm{d}(v\boldsymbol{\tau})}{\mathrm{d}t}=\frac{\mathrm{d}v}{\mathrm{d}t}\boldsymbol{\tau}+v\frac{\mathrm{d}\boldsymbol{\tau}}{\mathrm{d}t}=r\alpha\boldsymbol{\tau}+\frac{v^2}{r}\boldsymbol{n}=a_\tau\boldsymbol{\tau}+a_n\boldsymbol{n} \tag{1-13}$$

要特别注意：在圆周或曲线运动中，加速度是由切向和法向两个方向的加速度矢量运算而得到的，前者改变速度大小，后者改变速度方向，读者在学习中应注意体会、理解。

3. 对古诗中描述运动文句的理解

中国古代的文人墨客留下了许多优美的诗句，例如南宋诗人陈与义的诗作《襄邑道中》写道："卧看满天云不动，不知云与我俱东。"苏东坡也曾写下："长淮忽迷天远近，青山久与船低昂。"诗人、云、船和青山究竟如何运动？诗句中包含了物理中相对运动的思想，应如何理解？

从伽利略坐标变换可以推导出相对运动的物体间的运动速度关系。

时间：　$t'=t$　（绝对时间）

空间：

$$\begin{cases}x'=x-v_0t\\ y'=y\\ z'=z\end{cases}\quad\text{（绝对空间，相对运动）} \tag{1-14}$$

式(1-14)两边对时间求导，可得伽利略速度变换表达式：

$$\begin{cases}u'_x=u_x-v_0\\ u'_y=u_y\\ u'_z=u_z\end{cases} \tag{1-15}$$

可见，在运动方向上绝对速度 u_x 等于相对速度 u'_x 加牵连速度 v_0，即

$$u_x=u'_x+v_0 \tag{1-16}$$

二、测试题

1. 某物体的运动规律为 $\mathrm{d}v/\mathrm{d}t=-kv^2t$，式中的 k 为大于零的常数。当 $t=0$ 时，初速率为 v_0，则速率 v 与时间 t 的函数关系是【　　】。

A. $\frac{1}{v}=\frac{1}{2}kt^2+\frac{1}{v_0}$　　B. $v=-\frac{1}{2}kt^2+v_0$

C. $v=\frac{1}{2}kt^2+v_0$　　D. $\frac{1}{v}=-\frac{1}{2}kt^2+\frac{1}{v_0}$

2. 一质点在平面上运动，已知质点的位置矢量为 $\boldsymbol{r}=at^2\boldsymbol{i}+bt^2\boldsymbol{j}$（$a$，$b$ 为常数），则质点做【　　】。

A. 匀速直线运动　　B. 变速直线运动

C. 抛物线运动　　D. 一般曲线运动

3. 在一个转动的齿轮上，一个齿尖 P 做半径为 1 m 的圆周运动，其路程 s 随时间的变化规律为 $s=2t+3t^2$，则 1 s 时刻齿尖 P 的加速度大小为【　　】。

A. 64 m/s²　　B. 64.28 m/s²　　C. 6 m/s²　　D. 8 m/s²

4. 某人骑车以速率 v 向正西方向行驶，遇到由北向南刮的风(风速大小为 v)，则他感到风是从【　　】。

A. 东北方向吹来的　　B. 东南方向吹来的

C. 西北方向吹来的　　D. 西南方向吹来的

三、研讨与实践

1. 阅读材料——弹体弹道

弹道学(ballistics)一词源于公元前 3 世纪的古希腊，原意是设计、制造和使用投掷装置的理论和技术。弹道学是应用力学的一个重要分支，主要研究弹道和弹体(子弹和炮弹等)的动力学行为，是武器设计与应用的物理理论基础。弹道是指弹丸或其他发射体质心运动的轨迹。质点和刚体是分析这类问题的重要模型。速度、动量和动能是分析这类问题时必须要考虑的三个重要物理量。动量守恒和(机械)能量守恒是动力学过程必须同时遵守的基本规律。发动机、陀螺仪和飞行器物等各种涉及转动的设备都要依靠刚体动力学加以理解。

1) 抛体运动

主教材中的【思考题 1-2】飞机投弹问题、【思考题 1-6】柯受良驾驶汽车飞越黄河问题、【例题 1-5】抛球问题，都具有相似物理原理，根据位移、速度、加速度是矢量的性质，容易得出其抛体的自由运动规律。

设将一个物体以速度 $\boldsymbol{v}_0$ 抛出，忽略空气阻力，若初速度同水平面的夹角为 θ，则其运动可看作匀速直线运动和重力场的自由落体运动的叠加，初速度 $\boldsymbol{v}_0$ 可看作水平分量 $v_0\cos\theta$ 和垂直分量 $v_0\sin\theta$ 的合成。在直角坐标系内，物体位矢形式的运动方程为

$$\boldsymbol{r}=v_0 t\cos\theta\boldsymbol{i}+\left(v_0 t\sin\theta-\frac{1}{2}t^2 g\right)\boldsymbol{j} \tag{1-17}$$

其中：$v_0 t\cos\theta$ 代表抛体飞出去的水平距离，同时间简单成正比；$v_0 t\sin\theta-\frac{1}{2}t^2 g$ 代表抛体在垂直方向做匀加速运动。由此可见，弹体的水平飞行距离(射程)正比于其垂直方向上弹体落地所需的时间。实际上，对于加速度指向任何方向的匀加速运动，都可以用公式 $\boldsymbol{r}=\boldsymbol{v}_0 t+\frac{1}{2}t^2\boldsymbol{a}$ 简单地加以表示。式(1-17)也可以写成

$$\boldsymbol{r}=v_0 t(\cos\theta\boldsymbol{i}+\sin\theta\boldsymbol{j})-\frac{1}{2}t^2 g\boldsymbol{j}=\boldsymbol{v}_0 t+\frac{1}{2}t^2 g\boldsymbol{j} \tag{1-18}$$

其中，g 是重力加速度的大小，约为 9.8 m/s^2，重力加速度的方向垂直向下。可见，抛体运动也可以看成是沿着速度 $\boldsymbol{v}_0$ 方向的、速度大小为 v_0 的匀速直线运动和一个在垂直方向初速度为 0 的自由落体运动的合成。

由式(1-17)可知，位矢在 x 和 y 方向的两个分量分别为

$$\begin{cases}x=v_0 t\cos\theta\\ y=v_0 t\sin\theta-\frac{1}{2}t^2 g\end{cases}$$

由解析几何的知识可知，上式是以时间 t 为参量的抛物线参量方程，从其中消去时间 t，可得到抛体的运动方程，其轨迹如图 1-3 所示。读者可以尝试推导分析，在此不做赘述。

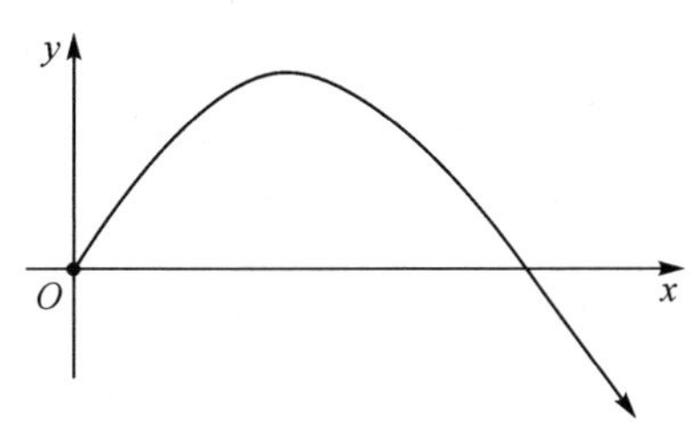

图 1-3　抛体的自由运动轨迹

式(1-17)和式(1-18)均是真空中抛体运动的公式，是弹道学的基础。实际应用中考虑到空气阻力等流体阻力的作用，由于弹体飞行和下落过程中流体阻力与速度方向相反，而阻力大小与弹体的形状、表面特性及流体密度有关，大气中弹体同时受重力和大气阻力作用，因此可以写出弹体的动力学方程：

$$m\frac{\mathrm{d}^2\boldsymbol{r}}{\mathrm{d}t^2}=\boldsymbol{g}-\alpha v^{\beta}\boldsymbol{v} \tag{1-19}$$

式中，$\alpha v^{\beta}\boldsymbol{v}$ 代表大气的阻力，系数 α 和指数 β 依赖于抛体的几何特性和大气密度，一般取 $\beta=1$。其实，由于大气密度随气象条件、高度等因素变化(空气的密度在海面上和高原上差别巨大)，因此式(1-19)只具有一般的指导性意义。一个抛体的实际弹着点会受多种因素影响，需要不断修正。实际射击中，由于一般情况下可认为炮弹的初速度(膛速)大小是一定的，因此可调节的是炮口的仰角和炮管的方位角，即根据当前弹着点同目标的关系，调整出膛炮弹的方向。在过去，这个过程靠人观察弹着点，凭经验调整炮弹的方向。

宋代的《守城录》中就有如何调整砲(抛石机)的抛石落点的描述，其做法就是试射、调整，“三两砲间便可中物”，这也算是高手了。今天，对于类似火箭炮远程打击的校准问题，借助无人机、侦察卫星等提供的数据，弹着点便可由计算机自动修正。实际上，由于空气中不同条件下弹体的飞行路径具有极大的不确定性，因此发射高射炮弹、穿甲弹等时还会使用曳光弹，通过发光的炮弹自动指示其飞行径迹，以便操作者凭经验、目视即刻修正射击诸元。反炮兵雷达根据炮弹的轨迹计算炮阵地的位置，称为弹道计算逆问题。

若考虑到更一般的情形，例如物体在流体中的自由下落，则运动速度和物体所受的力均在竖直方向上，设向下的方向为正，可做矢量的标量化处理，此时运动方程为

$$m\frac{\mathrm{d}v}{\mathrm{d}t}=g-kv^{n} \tag{1-20}$$

流体阻力和流体的黏滞系数、物体形状、速度等诸多因素有关。最终解的形式取决于指数 n。为简单起见，一般设 $n=2$。降落伞下降过程中，空气越往下密度越大，最终阻力足以把下落速度稳定在一个可接受的数值上。

深水炸弹在水中的自由下落过程，也能按照上述理论进行分析。飞机关闭发动机、使用减速伞的情形与之类似，但此时其速度在水平方向，重力不起作用，受到的空气阻力是速度的函数(随速度增加而增加)，因此其最终速度是零。如果抛射体受重力之外还持续受一推力的作用，则在某个阶段，这些力会达到平衡，物体也能大致保持匀速运动。巡航导弹在中间巡航阶段就是这样运动的。

物体在流体中运动时，若相对速度足够高，则可能会因出现激波而产生介质阻力，从而进一步阻碍物体的运动，例如超音速飞机、子弹飞行中形成的马赫锥就与介质阻力有关。因此除流体阻力外，介质阻力也是武器科学中格外值得关注的因素，人们应善加克服与利用。

为了减少介质阻力对抛射体的减速效果，人们还设计了具有特殊几何形状的枣核弹和底凹弹这样的低阻力弹。枣核弹弹体细长，底凹弹则通过重心前移或增大长细比来改变弹性系数，以达到减小飞行阻力的目的。

2）火箭方程

抛射体弹道问题分析可简化为质点在重力、流体场中自由飞行的过程，其飞行距离与高度受限于其能获得的初速度，射程极为有限。若使用火药爆炸给予加速，则火炮的射程最远可以达到 100 km 左右，大口径火炮可能只有 40 km 左右。为了进一步提高射程，可以在物体运动过程中随时加速，或减小抛射体质量。具有以上作用和功能的自加速体系可以笼统地都归入火箭一类，古时候就有的鞭炮“窜天猴”就是火箭的原型。其基本原理是不受外力的两体体系动量守恒，当一者因为爆炸、燃烧、弹出等原因获得动量增量 Δp 时，另一部分必然获得动量增量 $-\Delta p$，这就会产生反冲作用力，利用持续的反冲过程可以实现加速从而提高速度。火箭方程反映了火箭所能达到的飞行速度与箭体质量、喷射物速度之间的关系：

$$v=u\ln\frac{m_0}{m} \tag{1-21}$$

实际炮弹往往具有很大的尺寸和长径比，考虑到飞行稳定性，就必须将其当作刚体来处理。火箭增程弹就是火炮和火箭技术相结合的产物，弹丸后部加装一台火箭发动机。当弹丸飞离炮筒一定距离后，火箭发动机点火给弹体加速，从而达到增程的目的。20 世纪 30 年代出现的火箭炮完全依靠火箭发动机助推飞行，炮弹以火箭推进的方式获得更远的射程。中国“卫士- 2D”型火箭炮的火箭弹长为 8100 mm，弹径为 425 mm，射程可达 400 km。

【讨论 1】1997 年 6 月 1 日，柯受良驾驶汽车从壶口瀑布的山西一侧起飞，在壶口瀑布上空划出一条优美的弧线，最终落到陕西一侧，飞越总宽度 55 m(图 1 - 4)。试分析汽车的运动情况。

图 1 - 4　柯受良飞越黄河

【讨论 2】俄乌冲突中，俄罗斯采购的“沙希德- 136”无人机作为重要的战时武器，实现了对乌克兰后方重要目标的低成本纵深打击。“沙希德-136”的机身长度约2.5 m，飞行速度185 km/h，重量大约200 kg，配备一个50 kg重的弹头，作战半径大约150～200 km。飞行时，若发现敌方重要目标，无人机则会当即实施炸弹投放。试判断飞行高度、距离目标距离对投弹结果的影响。

【讨论3】分析巡航导弹飞行中各个阶段受力与运动状态的变化情况。

2. 阅读材料——亚音速客机

2020年2月9日，英国航空一架从美国纽约至英国伦敦的跨大西洋飞行的编号BA112号的航班(波音747-400型)，于美国东部时间2月8日18点48分从纽约肯尼迪国际机场起飞，并在英国当地时间2月9日早上4点42分降落伦敦希思罗机场。比原计划到达时间6点25分提前了90多分钟，创下了纽约飞伦敦航线亚音速客机的最快纪录。综合当时两国的媒体报道新闻，获悉当时西欧正遭受飓风“希拉亚”侵袭。

【讨论】从物理学角度尝试分析飞机凭借狂风之势超声速飞行的奥秘。

单元2　质点动力学(1)

——牛顿运动定律、力对时间的累积效应、动量守恒定律

一、知识要点

1. 惯性参考系和非惯性参考系

牛顿运动定律适用的参考系叫惯性参考系，反之则为非惯性参考系。可以依据观察和经验来定义和判断一个参考系是不是惯性参考系。例如，地面上有个果子，若没人捡起，果子所受合外力为零，会一直静止，直至腐烂。而当你搭乘飞机时，面前小桌板上的果子在飞机滑跑或降落阶段，你在飞机座位眼见果子在合外力为零的情况下，从小桌板滚落，被你前(后)排的乘客捡走。可见，此时搭乘飞机的你或飞机机舱并不是一个惯性参考系，大地是惯性参考系。其他相对于地面做匀速直线运动的参考系也都可被看作是惯性参考系。

2. 牛顿运动三定律

牛顿第一定律——所有物体不受力作用时，总保持原来的运动状态，除非作用在它上面的力迫使它改变这种运动状态。

牛顿第二定律——运动的变化与外力作用成正比，方向为外力作用的方向。

$$\boldsymbol{F}=\frac{\mathrm{d}(m\boldsymbol{v})}{\mathrm{d}t}=m\boldsymbol{a} \tag{2-1}$$

牛顿第三定律——两个物体之间的作用力和反作用力大小相等，方向相反，并且沿同一直线。

$$\boldsymbol{F}'=-\boldsymbol{F} \tag{2-2}$$

什么是力？力会引发物体运动状态的变化，这种运动状态的变化正比于物体受到的外力。物体间的作用力大小相等、方向相反，沿一条直线作用。自然界有各种不同类型的力，常见的有引力、弹性力、压力、摩擦力、黏滞阻力、电磁力等，种类繁多，但其可以基本归结为4种基本力之一。这4种基本力分别为万有引力、电磁力、弱力和强力。

3. 力是如何改变物体运动状态的

力对时间的累积就是冲量。合外力的冲量等于物体动量的增量，由牛顿第二定律可知动量定理的微分形式为

$$F_{合}\ \mathrm{d}t=\mathrm{d}(m\boldsymbol{v})=\mathrm{d}\boldsymbol{p} \tag{2-3}$$

动量定理的积分形式为

$$\boldsymbol{I}=\int_{t_1}^{t_2}\boldsymbol{F}\mathrm{d}t=\int_{\boldsymbol{p}_1}^{\boldsymbol{p}_2}\mathrm{d}\boldsymbol{p}=\boldsymbol{P}_2-\boldsymbol{P}_1 \tag{2-4}$$

4. 动量守恒的条件

由动量定理的微分表达式(2－3)可知，若系统所受合外力 $\boldsymbol{F}_{合}=0$，则其动量增量为零，动量守恒，即

$$\mathrm{d}\boldsymbol{p}=\mathrm{d}(m\boldsymbol{v})=0，m\boldsymbol{v}=C \tag{2-5}$$

其中 C 表示常数。由动量守恒定律可以推导出直角坐标系中的动量守恒定律的表达式：

$$\begin{cases}若\ F_x=0，则\sum\limits_i m_i v_{ix}=p_x=C\\ 若\ F_y=0，则\sum\limits_i m_i v_{iy}=p_y=C\\ 若\ F_z=0，则\sum\limits_i m_i v_{iz}=p_z=C\end{cases} \tag{2-6}$$

二、测试题

1. 光滑的水平桌面上放有两块相互接触的滑块，质量分别为 m_1 和 m_2，且 $m_1<m_2$。现对两滑块施加相同的水平作用力，如图 2－1 所示。设在运动过程中，两滑块不离开，则两滑块之间的相互作用力 N 应满足【　　】。

A. $N=0$　　B. $0<N<F$　　C. $F<N<2F$　　D. $N>2F$

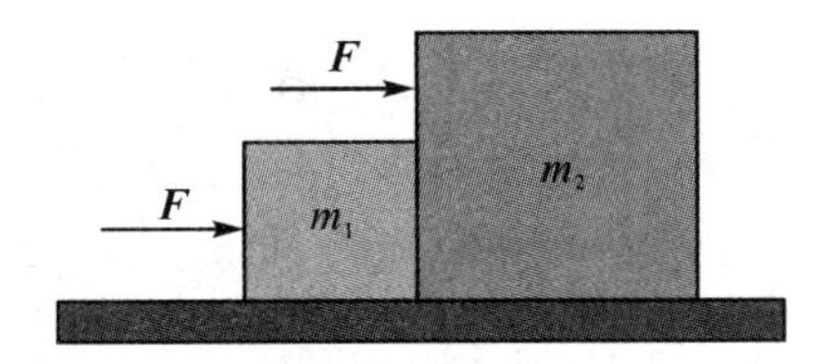

图 2－1　测试题 1 图

2. 如图 2－2 所示，质量为 m 的物体 A 用平行于斜面的细线连接置于光滑的斜面上。若斜面向左方做加速运动，当物体开始脱离斜面时，它的加速度的大小为【　　】。

A. $g\sin\theta$　　B. $g\cos\theta$　　C. $g\cot\theta$　　D. $g\tan\theta$

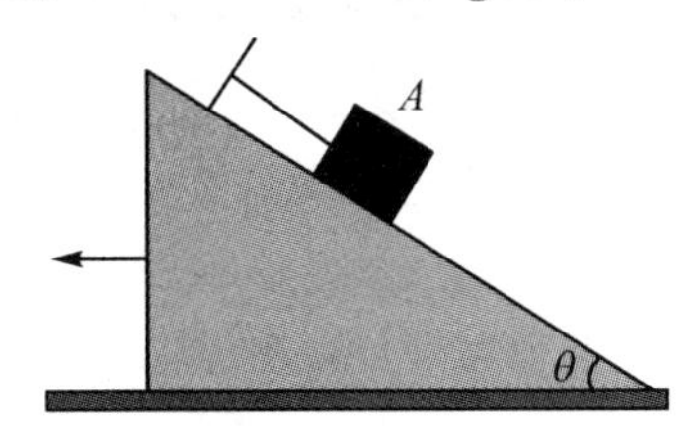

图 2－2　测试题 2 图

3. 质量为 m 的小球，以水平速度 v 与固定的竖直壁做弹性碰撞。设指向壁内的方向为正方向，则由于此碰撞，小球的动量变化为【　　】。

A. mv　　B. 0　　C. $2mv$　　D. $-2mv$

4. 一船浮于静水中，船长 L，质量为 m，一个质量也为 m 的人从船尾走到船头。不计水和空气的阻力，则在此过程中船将【　　】。

A. 不动　　B. 后退 L　　C. 后退 $\frac{1}{2}L$　　D. 后退 $\frac{1}{3}L$

5. 关于质点系动量守恒定律，下列说法中正确的是【　　】。

A. 质点系不受外力作用，且无非保守内力时，动量守恒

B. 质点系所受合外力的冲量的矢量和为零时动量守恒

C. 质点系所受合外力恒等于零，动量守恒

D. 动量守恒定律与所选参照系无关

三、研讨与实践

中国航天事业始于1956年。半个世纪以来，中国独立自主发展了探月与深空探测、高分辨对地观测、载人航天和北斗导航等重大航天任务，在若干重要技术领域已跻身世界先进行列，取得了举世瞩目的成就。其中，长征系列运载火箭技术构成的中国航天运输系统，是中国航天事业发展的重要保障。长征运载火箭起步于20世纪60年代，从1970年4月24日“长征一号”运载火箭首次成功发射“东方红一号”卫星开始，长征火箭家族已经拥有退役、现役共计4代20种型号，如图2-3所示，具备发射至低、中、高不同地球轨道，发射不同类型卫星及载人飞船的能力，使我国具备了无人深空探测的能力。

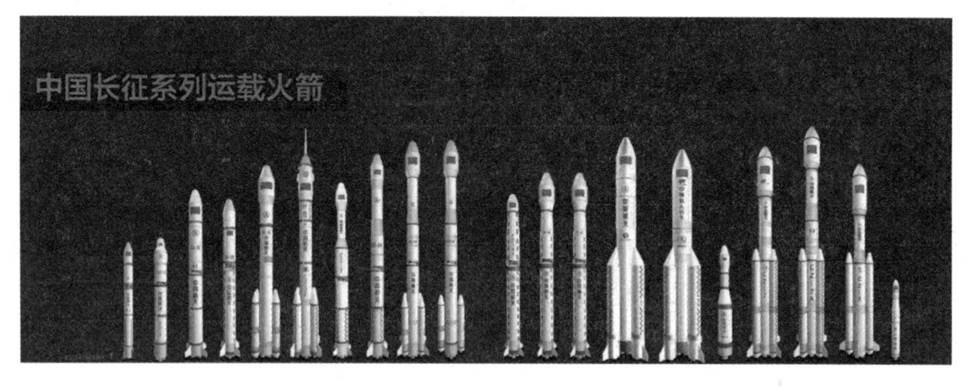

图2-3　中国长征系列运载火箭家族部分成员

有着“金牌火箭”之称的“长征三号甲”运载火箭(如图2-4所示)自从1994年2月8日首次发射成功至今，发射成功率为100%，它通过一、二、三级火箭发动机像接力赛跑一样曾将“嫦娥一号”探月卫星推出地球稠密大气层，送入指定地球转移轨道。

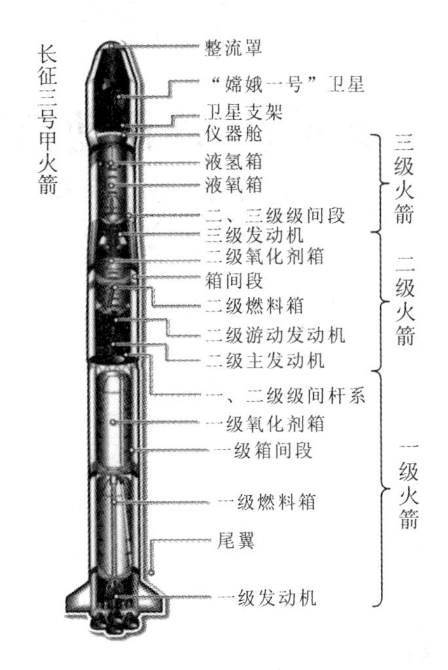

图 2-4 “长征三号甲”火箭结构示意图

火箭喷射飞行技术也被用于实现航天员太空行走、卫星姿态调整控制，是航天技术领域的一项关键技术。2017 年 6 月 19 日，中国在西昌卫星发射中心由“长征三号乙”运载火箭发射了一颗卫星“中星 9A”。由于火箭工作出现异常，这颗刚飞出地球后不久的“中星 9A”在距离预定轨道的高度还有 20 000 多千米的地方被遗落在“半路”上。此时它距地面 16 000 千米，为了减少由于发射异常带来的巨大损失，地面控制启动，“中星 9A”靠着自带的燃料独自在太空中“徒步”行进、爬升，完成了一次长达 16 天的“太空自救”。期间，在地面的工作人员控制下，变轨发动机先后完成了 10 次重新点火，准确进行了轨道调整，多次频繁穿越地球周边的中、低轨道的辐射带，最终成功定点于东经 101.4°赤道上空的预定轨道。尽管因为消耗了过多的燃料，卫星“折寿”了，但它毕竟还可以工作 5 年。可以说变轨发动机拯救了一颗卫星。

【讨论 1】低、中、高三个不同地球轨道的高度分别是多少？气象卫星和导航卫星分别位于哪些轨道，以及是如何布局、展开探测与地面通信工作的？

【讨论 2】“中星 9A”的预定轨道距离地面的距离是多少？尝试分析阅读材料中提到的“中星 9A”调整轨道过程中运动状态及能量的变化。

【讨论 3】太空行走是载人航天的一项关键技术。宇航员通过出舱活动，在轨道上安装大型设备、检查和维修航天器、施放卫星、进行科学实验等。要实现这一目标，需要诸多的特殊技术保障。2008 年 9 月 27 日，中国神舟七号航天员翟志刚执行载人航天飞行出舱活动任务。神舟十三号乘组在轨期间，也执行了两次出舱活动任务。2021 年 11 月 7 日，中国首位出舱航天员翟志刚时隔 13 年再次出舱，王亚平迈出了中国女性舱外太空行走第一步，完成了 6 小时 55 分的太空行走，成功安装和测设天和机械臂和问天舱机械臂的级联组合适配器。尝试分析：

（1）航天员太空行走是如何实现的？（舱外航天服空气背包、多自由度机械臂）

（2）太空行走动力从何而来？分析其中的物理原理。

单元 3　质点动力学(3)

——力的空间累积效应、机械能守恒定律

一、知识要点

1. 动能定理

功是力对空间的累积效应：

$$W = \int \boldsymbol{F} \cdot \mathrm{d}\boldsymbol{r} = \int F \mathrm{d}r \cos\theta \qquad (3-1)$$

式中：θ 为力 $\boldsymbol{F}$ 与位移 $\mathrm{d}\boldsymbol{r}$ 的夹角(见图 3-1)。θ 的取值范围在 $0\sim\pi$ 之间，因此功可正可负。作功会引起物体能量的变化，力对物体做正功，物体的能量增加，反之能量减小。与物体运动相关的能量叫动能。功和动能的变换关系就是动能定理。

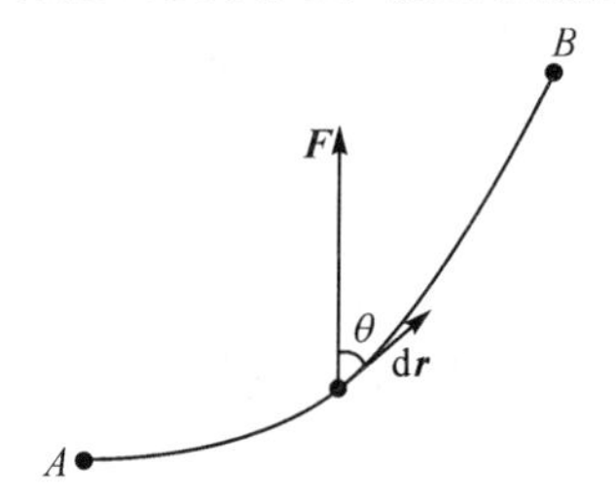

图 3-1　力的空间累积效应——功

在经典力学中，动能为

$$E_{\mathrm{k}} = \frac{1}{2} m v^2 \qquad (3-2)$$

合外力对物体做功改变物体的动能，动能定理的微分形式为

$$\boldsymbol{F}_{合} \cdot \mathrm{d}\boldsymbol{r} = \mathrm{d}E_{\mathrm{k}} \qquad (3-3)$$

动能定理的积分形式为

$$W = \int \boldsymbol{F}_{合} \cdot \mathrm{d}\boldsymbol{r} = \Delta E_{\mathrm{k}} = \frac{1}{2} m v_b^2 - \frac{1}{2} m v_a^2 \qquad (3-4)$$

2. 保守力与势能定理

作功大小仅与物体的始末位置有关，而与具体路径无关的力，称为保守力。取物体与地球、物体与星体、物体与弹簧为研究对象系统时，其中的万有引力、弹性力都是保守内

力。保守力所在的空间称为保守力场，在保守力场中与系统中物体的位置相联系的能量称为势能。

与重力对应的势能叫重力势能：

$$E_{\mathrm{p}}=mgh \tag{3-5}$$

与引力对应的势能叫引力势能：

$$E_{\mathrm{p}}=-\frac{GMm}{r} \tag{3-6}$$

与弹性力对应的势能叫弹性势能：

$$E_{\mathrm{p}}=\frac{1}{2}kx^{2} \tag{3-7}$$

保守内力做正功，系统势能减小(负增量)：

$$W_{保内}=-\Delta E_{\mathrm{p}} \tag{3-8}$$

保守力做功等于系统势能增量的负值，式(3-8)是势能定理。

3. 机械能守恒定律

对于一个系统而言，系统内物体间的作用力可称为内力，除了有保守内力外，还有像摩擦力、空气阻力等非保守内力，因而总功为

$$\sum W_{内i}=\sum W_{保内i}+\sum W_{非保内i}$$

而根据式(3-8)，有

$$\sum W_{保内i}=-\Delta E_{p}$$

和质点系的动能定理

$$\sum W_{外i}+\sum W_{内i}=\Delta E_{k}$$

可以得到系统的功能原理：

$$\sum W_{外i}+\sum W_{非保内i}=\Delta(E_{\mathrm{k}}+E_{\mathrm{p}})=\Delta E \tag{3-9}$$

式中：$E_{\mathrm{k}}+E_{\mathrm{p}}=E$ 是系统的机械能。

系统的功能原理表明，外力和非保守内力的功的总和，等于其机械能的增量。若系统所受的外力和非保守内力都不做功，或者它们的总功为零，即

$$\sum W_{外i}+\sum W_{非保内i}=0$$

则由式(3-9)可知，$\Delta(E_{\mathrm{k}}+E_{\mathrm{p}})=0$，系统的机械能 $E=E_{\mathrm{k}}+E_{\mathrm{p}}=$ 常量，系统机械能的总值保持不变，即

$$若\sum W_{外i}+\sum W_{非保内i}=0，则\ \Delta(E_{\mathrm{k}}+E_{\mathrm{p}})=0 \tag{3-10}$$

称为机械能守恒定律。

二、测试题

1. 一个质点同时在几个力作用下的位移为 $\Delta\boldsymbol{r}=4\boldsymbol{i}-5\boldsymbol{j}+6\boldsymbol{k}$(SI)，其中一个力为恒力

$\boldsymbol{F}=-3\boldsymbol{i}-5\boldsymbol{j}+9\boldsymbol{k}$(SI)，则此力在该位移过程中所作的功为【　　】。

A. −67 J　　B. 17 J　　C. 67 J　　D. 91 J

2. 如图 3-2 所示，一质量为 m 的质点，在半径为 R 的半球形容器中，由静止开始自边缘上的 A 点滑下，到达最低点 B 时，它对容器的正压力为 N。则质点自 A 滑到 B 的过程中，摩擦力对其做的功为【　　】。

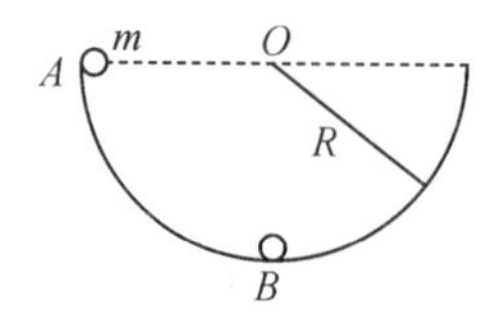

图 3-2　测试题 2 图

A. $\frac{1}{2}R(N-3mg)$　　B. $\frac{1}{2}R(3mg-N)$

C. $\frac{1}{2}R(N-mg)$　　D. $\frac{1}{2}R(N-2mg)$

3. 对功的概念有以下几种说法：

(1) 保守力作正功时，系统内相应的势能增加；

(2) 质点运动经一闭合路径，保守力对质点做的功为零；

(3) 作用力和反作用力大小相等、方向相反，所以两者所做功的代数和必为零。

在上述说法中【　　】。

A. (1)、(2)是正确的　　B. (2)、(3)是正确的

C. 只有(2)是正确的　　D. 只有(3)是正确的

4. 一轻弹簧竖直固定于水平桌面上，如图 3-3 所示，小球从距离桌面 h 处以初速度 $\boldsymbol{v}_0$ 落下，撞击弹簧后跳回到 h 处时速度大小仍为 v_0，以小球为系统，则在这一整个过程中小球的【　　】。

A. 动能不守恒，动量不守恒

B. 动能守恒，动量不守恒

C. 机械能不守恒，动量守恒

D. 机械能守恒，动量守恒

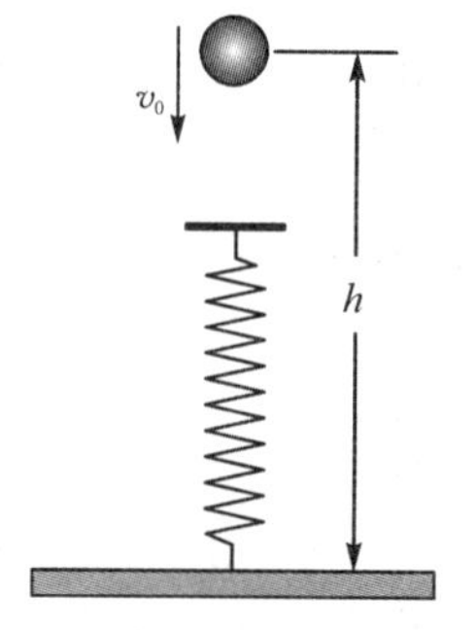

图 3-3　测试题 4 图

三、研讨与实践

“嫦娥工程”是多种高端技术联合的系统工程，分为“无人月球探测”“载人登月”和“建立月球基地”三个阶段。中国航天科技工作者早在 1994 年就进行了对于探月活动必要性和可行性的研究，1996 年完成了探月卫星的技术方案研究，1998 年完成了卫星关键技术研究，以后又开展了深化论证工作。经过 10 年的酝酿，最终确定中国整个探月工程分为“绕”“落”“回”3 个阶段。从 2007 年 10 月 25 日我国研制成功并发射的第一颗月球探测卫星——“嫦娥一号”起至 2020 年 12 月 17 日，“嫦娥五号”返回器带着从月球采集的 1731 g 月壤和进行航天育种的植物种子，在内蒙古四子王旗预定区域成功着陆。我国已经在探月航天工程中成功地实现了“绕”“落”“回”的阶段性目标。

“嫦娥三号”着陆器与巡视器的互拍照片如图 3-4 所示，“嫦娥五号”行动路线示意图如图 3-5 所示。

图 3-4 “嫦娥三号”着陆器(左)与巡视器(右)的互拍照片

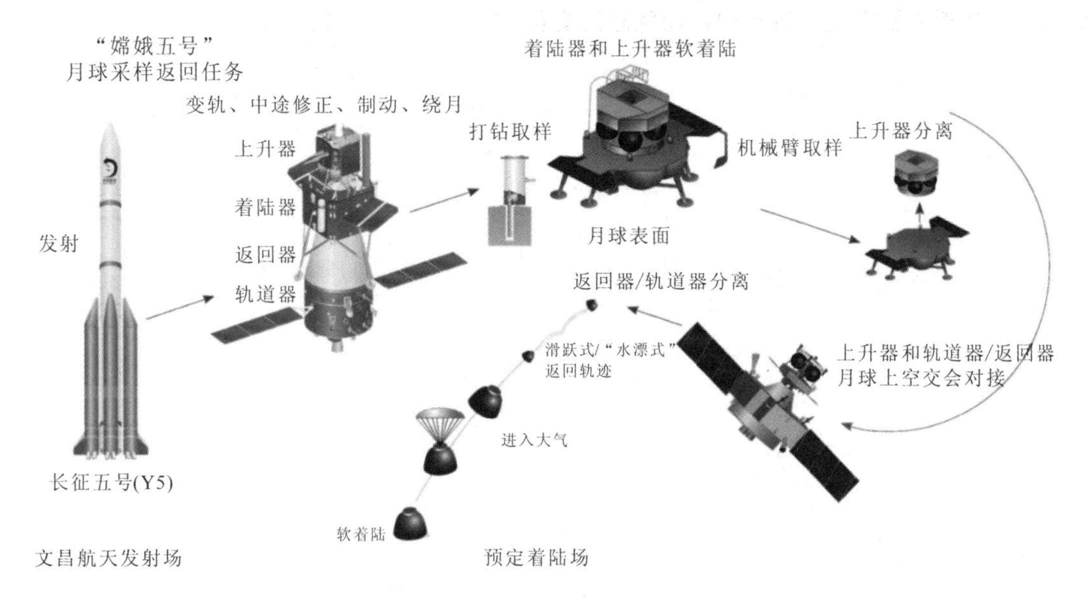

图 3-5 “嫦娥五号”行动路线示意图

再入航天器是完成航天任务以后重返地球的一种航天器。航天器再入有两种方式：

(1) 以导弹弹头为代表的弹道再入式；

(2) 以载人飞船为代表的飞船再入式。

弹道再入式的特点是再入角大(再入角是指航天器飞行轨道与地平面的夹角)，其运行轨迹为抛物线，耗时且航程短，但航天器减加速度、过载和峰值加热率高。飞船再入式由于要考虑宇航员的承受能力(过载应小于 5g)，所以飞船以小再入角在大气层中经历较长的时间和路程，通过空气阻力缓慢地消耗其动能降低飞行高度，减加速度和过载小，耗时且航程长，峰值加热率虽低，但总加热量并未降低。以上两种再入方式均受限于环绕地球第一宇宙速度(7.9 km/s)。

“嫦娥五号”返回器从月地转移轨道进入地球大气层时的速度是第二宇宙速度(11.2 km/s)，其“打水漂”式的再入引发了众多科技爱好者的关注和讨论。

“嫦娥五号”返回器若以弹道式进入地球稠密大气层，由于减加速度过大，将会引起过高的热载荷，周围温度高达 10 000 K，峰值加热率也会非常高，因此需要增强返回器壳体结构和热防护层设计。若采用飞船式再入，峰值加热率会减小，理论上烧蚀防热层厚度也会有所减小，但由于再入时间长，总加热量并未减少，因此隔热层可能要增加。“打水漂”式再入也叫半弹道跳跃式再入。以第二宇宙速度飞行的返回器先以较小的再入角进入地球大气层，在相对稀薄的上层大气中飞行一段距离后，调整姿态获得升力，再凭借升力重新跳到大气层外。空气阻力和重力的作用会消耗返回器动能，使其飞行速度降到小于或等于第一宇宙速度(7.9 km/s)并再次进入大气层按中远程导弹弹头式再入返回。为保护返回器及其载荷，在其离地 10～12 km 时打开降落伞缓慢落地。

【讨论 1】什么是航天器再入？目前有哪几种再入的方式？各有什么优劣？

【讨论 2】若航天器以第一宇宙速度再入，尝试分析航天器再入的飞行距离、飞行路径、速度和能量变化情况。

【讨论 3】尝试分析“打水漂”式再入轨道过程中第一次再入前后返回器能量的变化，考虑如何描述返回器在这一过程中运动状态的变化，以及能否求出其速度的变化。

单元4　刚体力学(1)

——转动惯量、力矩、转动定律

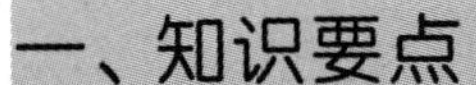

一、知识要点

1. 定轴转动刚体的运动规律描述

可以用角位置、角位移、角速度和角加速度这些物理量来描述定轴转动刚体的运动状态。如表4-1和表4-2所示，描述刚体运动的物理量可以和描述质点运动的物理量一一对应，方便理解记忆。在这样的描述方法中，采用弧度(rad)单位制，称之为角量描述。同理，可以参考匀速、匀加速直线运动来理解匀速和匀加速定轴转动的刚体的运动规律。

表4-1　质点运动和刚体定轴转动物理量的对应关系

质点运动	刚体定轴转动
位置矢量 $\boldsymbol{r}$	角位置 θ
位移 $\Delta\boldsymbol{r}$	角位移 $\Delta\theta$
速度 $\boldsymbol{v}=\frac{\mathrm{d}\boldsymbol{r}}{\mathrm{d}t}$	角速度 $\omega=\frac{\mathrm{d}\theta}{\mathrm{d}t}$
加速度 $\boldsymbol{a}=\frac{\mathrm{d}\boldsymbol{v}}{\mathrm{d}t}=\frac{\mathrm{d}^2\boldsymbol{r}}{\mathrm{d}t^2}$	角加速度 $\alpha=\frac{\mathrm{d}\omega}{\mathrm{d}t}=\frac{\mathrm{d}^2\theta}{\mathrm{d}t^2}$

表4-2　质点运动和刚体定轴转动物理量运算的对应关系

匀加速直线运动	匀加速定轴转动
x	θ
v	ω
a	α
$v=v_0+at$	$\omega=\omega_0+\alpha t$
$x=v_0t+\frac{1}{2}at^2$	$\theta=\omega_0t+\frac{1}{2}\alpha t^2$

2. 转动惯量

转动惯量是刚体转动惯性大小的量度，其数值取决于刚体的质量、形状、质量分布和转轴的位置，对于一个质点系构成的刚体，其转动惯量的定义是：

$$J=\sum_i \Delta m_i r_i{}^2 \tag{4-1}$$

对于质量连续分布的刚体：

$$J=\lim_{\Delta m_i\to 0}\sum_i \Delta m_i r_i{}^2=\int_m r^2\mathrm{d}m \tag{4-2}$$

3. 平行轴定理

如图 4－1 所示，已知刚体对通过质心转轴的转动惯量为 J_C。另有一个与质心转轴 OZ 平行的转轴 $O'Z'$，该转轴与质心转轴的距离为 h，则刚体对 $O'Z'$转轴的转动惯量为

$$J_O=J_C+Mh^2 \tag{4-3}$$

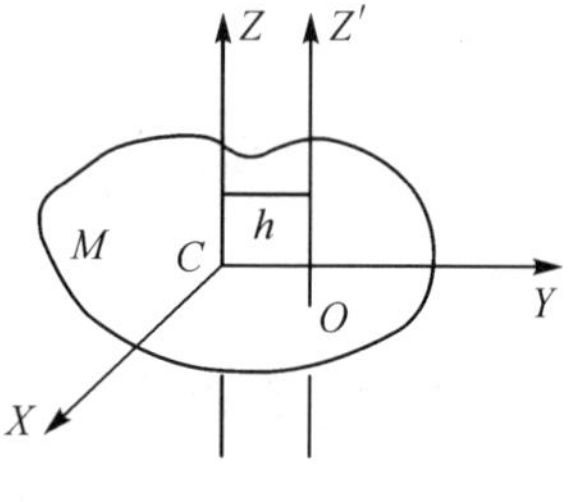

图 4－1　平行轴定理

4. 刚体运动状态的改变

对于转动物体而言，力矩是改变刚体转动状态的原因。以定轴转动为例，如图 4－2 所示，力 $\boldsymbol{F}$ 对参考点 O 的力矩为 O 点到力的作用点 P 的矢径 $\boldsymbol{r}$ 和该力的矢量积：

$$\boldsymbol{M}=\boldsymbol{r}\times\boldsymbol{F} \tag{4-4}$$

力矩的大小 $M=rF\sin\alpha$，方向垂直于由 $\boldsymbol{r}\times\boldsymbol{F}$ 决定的平面，满足右手螺旋关系。

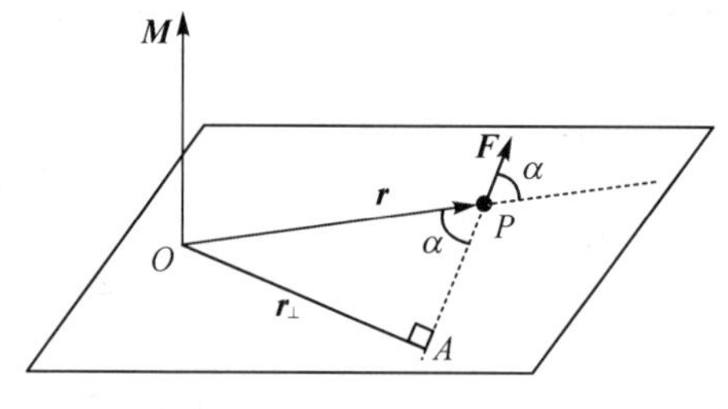

图 4－2　力矩

力矩对刚体的作用类似于力对质点的作用，刚体力学中与牛顿第二定律对应的基本动力学方程是转动定律：

$$M=J\alpha=J\,\frac{\mathrm{d}^2\theta}{\mathrm{d}t^2} \tag{4-5}$$

二、测试题

1. 一刚体以每分钟 60 转绕 z 轴做匀速转动（ω 沿转轴正方向）。设某时刻刚体上点 P 的位置矢量为 $\boldsymbol{r}=3\boldsymbol{i}+4\boldsymbol{j}+5\boldsymbol{k}$(SI)，则该时刻 P 点的速度为【　　】。

A. $\boldsymbol{v}=94.2\boldsymbol{i}+125.6\boldsymbol{j}+157.0\boldsymbol{k}$　　B. $\boldsymbol{v}=-25.1\boldsymbol{i}+18.8\boldsymbol{j}$

C. $\boldsymbol{v}=-25.1\boldsymbol{i}-18.8\boldsymbol{j}$　　D. $\boldsymbol{v}=31.4\boldsymbol{k}$

2. 关于刚体对轴的转动惯量，下列说法中正确的是【　　】。

A. 只取决于刚体的质量，与质量的空间分布和轴的位置无关

B. 取决于刚体的质量和质量的空间分布，与轴的位置无关

C. 取决于刚体的质量、质量的空间分布和轴的位置

D. 只取决于转轴的位置，与刚体的质量和质量的空间分布无关

3. 轮圈半径为 R，其质量 M 均匀布在轮缘上；长为 R、质量为 m 的均质辐条固定在轮心和轮缘间，共有 $2N$ 根。若将辐条数减少 N 根但保持轮对通过轮心，垂直于轮平面轴的转动惯量保持不变，则轮圈的质量为【　　】。

A. $\frac{N}{12}m+M$　　B. $\frac{N}{6}m+M$　　C. $\frac{2N}{3}m+M$　　D. $\frac{N}{3}m+M$

4. 如图 4－3 所示，一圆盘绕过盘心且与盘面垂直的光滑固定轴 O 以角速度 ω 按图中所示方向转动。若将两个大小相等、方向相反但不在同一条直线的力 $\boldsymbol{F}$ 沿盘面同时作用到圆盘上，则圆盘的角速度【　　】。

A. 必然增大

B. 必然减少

C. 不会改变

D. 如何变化，不能确定

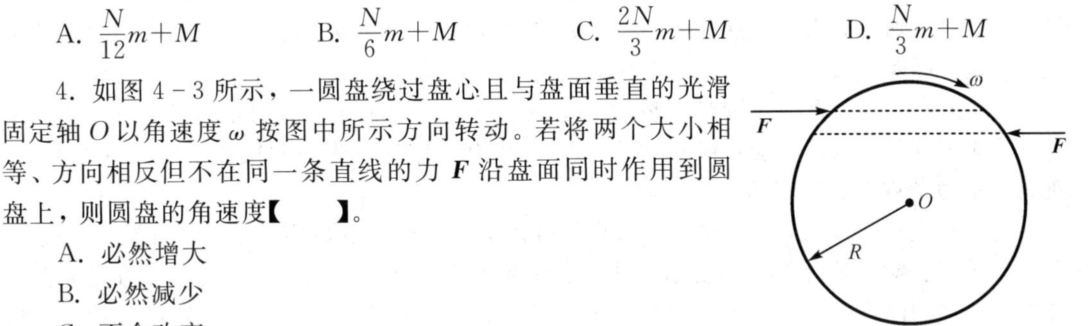

图 4－3　测试题 4 图

三、研讨与实践

1. 阅读材料——脉冲星

不同于我们所熟知的太阳，脉冲星辐射电磁波的方式犹如霓虹灯般不断闪烁，因此也被称为宇宙的灯塔。谈及脉冲星，就不得不提及蟹状星云。北宋仁宗至和元年(公元 1054 年)五月二十六日，人们在晨曦中发现了一颗极为闪亮的大星出现在天关(金牛座)的方向，人们将它命名为“天关客星”。蟹状星云就是这个超新星爆发的遗留物。天文学家发现蟹状星云一直不断加速膨胀，持续不断地辐射出相当于几万颗太阳强度的电磁波。1964 年，苏联天文学家 Nikolai Kardashev 指出恒星演化末期会塌缩成带有强磁场的高速自转致密天体，蟹状星云的辐射能量来自致密天体的转动能量。意大利天文学家 Franco Pacini 分析指出，在蟹状星云中存在一颗高速自转的磁化中子星，也就是我们今天称为脉冲星的中子星。脉冲星像灯塔发射的光束那样发射无线电波束，每转一次，我们接收到一个无线电脉冲，转动的周期可以通过测量脉冲之间的时间得知。

【讨论 1】如果蟹状星云的脉冲星转动的周期 $T=0.033$ s，并以 1.26×10^{-5} m/s 的速率增大，请问脉冲星的角加速度是多少？

【讨论 2】如果脉冲星的角加速度是恒定的，那么从现在经过多长时间脉冲星会停止转动？此脉冲星是在 1054 年看到的一次超新星爆发中产生的，则该脉冲星的初始周期是多少？(假定脉冲星从产生时起是以恒定角加速度加速的)

2. 阅读材料——悠悠球

悠悠球是人类最古老的玩具之一。有人认为悠悠球最早出自中国，后从中国传到欧洲，后又传入美国，是大萧条时期既便宜又有趣的成功商品。悠悠球现已成为风靡世界的大众化玩具。

悠悠球构造简单，由两个木质或塑料的厚圆盘中间以短轴相连而成。缠绕在短轴上的线索，一端与轴固定，另一端绕在手指上。绳绕在轴上松手后，圆盘顺绳自由下落的同时产生旋转，并且转速不断加快，落到最低点处转速达到最大值。然后由于惯性开始向上滚动，转速减小，回到最高点时转速为零。将操纵悠悠球的手上下振动，可使悠悠球连续不断地上下运动。可以用质点和刚体动力学中自由落体、转动等规律来分析悠悠球的运动。悠悠球下落、上升过程中重力对圆盘交替做正功或负功，使势能与动能相互转换。同时还受到绳子力矩的作用，满足转动定律。1985 年和 1992 年，悠悠球先后两次被宇航员带上太空，观察微重力条件对悠悠球运动的影响。

在卫星发射过程中，当卫星与运载火箭分离后，必须采取措施使卫星停止旋转才能控制卫星维持相对于地球的正确姿态，利用卫星喷气技术可以做到消旋，但需要消耗宝贵的能源。“悠悠消旋”(Yo-Yo Despin)技术的出现成功实现了卫星消旋，这项技术不消耗能源，使卫星成为太空中的“大号悠悠球”。如图 4 - 4 所示，“悠悠消旋”技术是在卫星的 A、B 处对称系上两根尾部系有质量块的绳索，令其与旋转方向相反地缠绕在圆柱形的星体上。开始时质量块会锁定在星体的 C、D 处，星箭分离后锁定装置打开，质量块会在离心力的作用下向外运动，绳索逐渐释放，使卫星的转动惯量随之增大，从而使之减小转速。

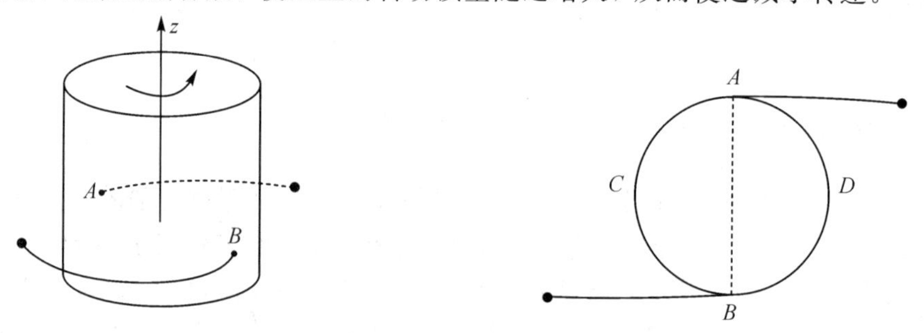

图 4 - 4 “悠悠消旋”技术

【讨论 1】我们将把悠悠球抛出到回收分解成 2 个动作、2 个过程，分别是抛出(动作)、下落(过程)、睡眠(过程)、提手(动作)，尝试分析悠悠球从抛出到回收的运动状态和能量的变化情况。

【讨论 2】尝试对悠悠消旋现象进行理论分析和计算，求出保证完全消旋时绳索的长度。

【讨论 3】为保证小行星矿产资源开采过程中面向太阳以持续获得太阳能，可以对小行星进行消旋。假设一个直径为 100 m、质量为 1.6×10^{6} t 的小行星每个地球日自转 4 周，如果将两根 6 km 长的细索锚固在小行星上，沿自旋方向绕小行星 20 圈，设绳索的质量可忽略不计，问在细索末端连接质量是多少的质量块就可以完成小行星的消旋?

【讨论 4】卫星消旋与玩具悠悠球旋转中的力学原理是否相同? 二者能量和运动状态的变换有何区别?

单元5 刚体力学(2)

——刚体的角动量定理和角动量守恒定律

一、知识要点

1. 角动量

定轴转动刚体上每一点都以轴为中心做平面圆周运动。设刚体转动的角速度为 ω。刚体上任一质量为 Δm_i、速度为 $\boldsymbol{v}_i$ 的质量元，在其所在转动面上的位矢为 $\boldsymbol{r}_i$，则质量元的角动量为

$$\boldsymbol{L}_i=\Delta m_i\boldsymbol{r}_i\times\boldsymbol{v}_i \tag{5-1}$$

刚体对转轴的角动量为

$$\boldsymbol{L}=\sum_i\boldsymbol{L}_i=\sum_i\Delta m_i\boldsymbol{r}_i\times\boldsymbol{v}_i=\left(\sum_i\Delta m_i r_i^2\right)\boldsymbol{\omega}=J\boldsymbol{\omega} \tag{5-2}$$

其中 J 为刚体的定轴转动惯量。角动量类似动量，可类比理解。

2. 角动量定理和角动量守恒定律

对于定轴转动刚体，如果刚体的角动量为 $\boldsymbol{L}$，外力矩为 $\boldsymbol{M}=\sum\limits_i\boldsymbol{M}_i$，则类比动量定理易知，合外力矩对时间的累积会改变刚体的角动量，即

$$\boldsymbol{M}\cdot\mathrm{d}t=\sum_i\boldsymbol{M}_i\cdot\mathrm{d}t=\mathrm{d}\boldsymbol{L} \tag{5-3}$$

称之为刚体的角动量定理。从式(5-3)可以得到刚体的转动定律，即式(4-5)

$$\boldsymbol{M}=\frac{\mathrm{d}\boldsymbol{L}}{\mathrm{d}t}=J\frac{\mathrm{d}\boldsymbol{\omega}}{\mathrm{d}t}=J\boldsymbol{\alpha}$$

若合外力矩为零，$\boldsymbol{M}=\boldsymbol{r}\times\boldsymbol{F}=0$，则由式(5-3)可知，$\boldsymbol{M}\cdot\mathrm{d}t=\mathrm{d}\boldsymbol{L}=0$，刚体的角动量是一个常矢量，即角动量守恒的条件是 $\boldsymbol{M}=0$，即

$$\text{若 } \boldsymbol{M}=0\text{，则 } \boldsymbol{L}=J\boldsymbol{\omega}=\boldsymbol{C} \tag{5-4}$$

从而得到角动量守恒定律：若系统所受的合外力矩为零，则系统的总角动量守恒。

3. 刚体转动与质点运动的比较

刚体转动与质点运动的比较如表5-1所示。

表 5－1　质点运动和刚体定轴转动的比较

质点运动	刚体定轴转动
位置矢量 $\boldsymbol{r}$	角位置 θ
位移 $\Delta\boldsymbol{r}=\boldsymbol{r}_2-\boldsymbol{r}_1$	角位移 $\Delta\theta=\theta_2-\theta_1$
速度 $\boldsymbol{v}=\frac{\mathrm{d}\boldsymbol{r}}{\mathrm{d}t}$	角速度 $\omega=\frac{\mathrm{d}\theta}{\mathrm{d}t}$
加速度 $\boldsymbol{a}=\frac{\mathrm{d}\boldsymbol{v}}{\mathrm{d}t}=\frac{\mathrm{d}^2\boldsymbol{r}}{\mathrm{d}t^2}$	角加速度 $\alpha=\frac{\mathrm{d}\omega}{\mathrm{d}t}=\frac{\mathrm{d}^2\theta}{\mathrm{d}t^2}$
力 $\boldsymbol{F}$	力矩 $\boldsymbol{M}=\boldsymbol{r}\times\boldsymbol{F}$
质量 m	转动惯量 $J=\int r^2\mathrm{d}m$
动量 $\boldsymbol{P}=m\boldsymbol{v}$	角动量 $\boldsymbol{L}=J\boldsymbol{\omega}$
牛顿第二定律 $\boldsymbol{F}=\frac{\mathrm{d}\boldsymbol{P}}{\mathrm{d}t}=m\boldsymbol{a}$	转动定律 $\boldsymbol{M}=\frac{\mathrm{d}\boldsymbol{L}}{\mathrm{d}t}=J\boldsymbol{\alpha}$
动量定理 $\int\boldsymbol{F}\mathrm{d}t=m\boldsymbol{v}-m\boldsymbol{v}_0$	角动量定理 $\int\boldsymbol{M}\mathrm{d}t=J\boldsymbol{\omega}-J_0\boldsymbol{\omega}_0$
动量守恒定律 $\boldsymbol{F}=0$　$m\boldsymbol{v}=$ 恒量	角动量守恒定律 $\boldsymbol{M}=0$　$J\boldsymbol{\omega}=$ 恒矢量
动能 $E_\mathrm{k}=\frac{1}{2}mv^2$	转动动能 $E_\mathrm{k}=\frac{1}{2}J\omega^2$
功 $\mathrm{d}A=\boldsymbol{F}\cdot\mathrm{d}\boldsymbol{s}$	力矩的功 $\mathrm{d}A=M\cdot\mathrm{d}\theta$
动能定理 $A=\frac{1}{2}mv^2-\frac{1}{2}mv_0^2$	转动动能定理 $A=\frac{1}{2}J\omega^2-\frac{1}{2}J\omega_0^2$

二、测试题

1. 如图 5－1 所示，一个小物体，位于光滑的水平桌面上，与一绳的一端相连，绳的另一端穿过桌面中心的小孔 O。该物体原以角速度 ω 在半径为 R 的圆周上绕 O 旋转，若将绳从小孔缓慢往下拉，则物体【　　】。

A. 动能不变，动量改变

B. 动量不变，动能改变

C. 角动量不变，动量不变

D. 角动量不变，动能、动量都改变

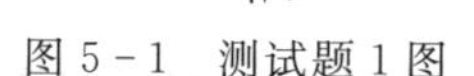

图 5－1　测试题 1 图

2. 几个力同时作用在一个具有光滑固定转轴的刚体上，如果这几个力的矢量和为零，则刚体【　　】。

A. 必然不会转动　　B. 转速必然不变

C. 转速必然改变　　D. 转速可能不变，也可能改变

3. 如图 5－2 所示，一人造地球卫星到地球中心 O 的最大距离和最小距离分别是 R_A 和

R_B。设卫星对应的角动量分别是 L_A，L_B，动能分别是 E_{KA}，E_{KB}，则应有【　　】。

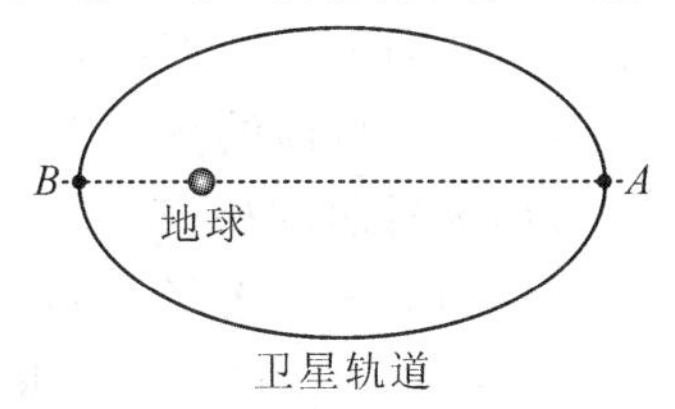

图 5-2　测试题 3 图

A. $\begin{cases} L_B > L_A \\ E_{KA} > E_{KB} \end{cases}$　　B. $\begin{cases} L_B > L_A \\ E_{KA} = E_{KB} \end{cases}$

C. $\begin{cases} L_B < L_A \\ E_{KA} > E_{KB} \end{cases}$　　D. $\begin{cases} L_B = L_A \\ E_{KA} < E_{KB} \end{cases}$

4. 刚体角动量守恒的充分必要条件是【　　】。

A. 刚体不受外力矩的作用

B. 刚体所受合外力矩为零

C. 刚体所受的合外力和合外力矩均为零

D. 刚体的转动惯量和角速度均保持不变

三、研讨与实践

1. 阅读材料——岁差现象

公元前 200 年，古希腊天文学家喜帕恰斯在编制 1022 颗恒星的星表时发现，与古人测定的星位相比，恒星的黄经有较显著的改变，而黄纬的变化则不明显。喜帕恰斯还推算出了春分点每 100 年会西移 1°。公元 4 世纪，中国晋代天文学家虞喜对比古星图也发现了星位略有偏移的现象，并定出冬至点每 50 年后退 1°。南北朝时期，祖冲之推算出冬至点每 45 年 11 个月后退 1°，并在公元 463 年在《大明历》中将此现象引入历法计算。《宋史 · 律历志》记载："虞喜云：尧时冬至日短星昴，今二千七百余年乃东壁中，则知每岁渐差之所至"，"岁差"一词即由此而来。元朝郭守敬在《授时历》中采用的岁差数值是 66 年 8 个月退 1°，把岁差的精确度向前推进了一大步。尽管这些数据与现代观测数据(78 年 8 个月后退 1°)尚有较大距离，但发现岁差并把它纳入历法计算之中，虞喜和祖冲之是世界首创。岁差的推算，也是我国古代历法史上的重要改革之一。

【讨论 1】什么是岁差？天文学中的岁差现象是什么原因导致的？

【讨论 2】尝试从用学过的刚体运动学知识分析计算并验证岁差的数值。

2. 阅读材料——泵后摆发动机

推力矢量控制系统是火箭及其他航天器飞行控制系统的重要组成部分，该系统可以改变航天器发动机推力的方向，从而形成火箭姿态调整所需的控制力及力矩，控制航天器的质心运动和绕心运动，使之克服各种干扰、按预定弹道稳定飞行。

改变发动机推力方向、产生主推力侧向分量的方法有：① 主发动机固定，附近装小发动机做游机，摆动游机；② 摆动主发动机。目前的液体火箭发动机系统按照涡轮泵是否跟随伺服机构摆动，分为泵前摆(传统)和泵后摆(如图 5-3 所示)。泵前摆发动机中涡轮泵和推力室等发动机组件一起整体摆动，优点是摇摆软管低压工作、设计简单，缺点是摇摆总质量大，伺服机构功率需求大。泵后摆发动机的核心设计思想是把矢量控制系统放在发动机涡轮泵的上面，控制尾喷口方向，实现涡轮泵固定、驱动燃烧室和喷管摆动。相比传统发动机的整体摆动，将摇摆装置后置、局部摇摆，实现了对发动机结构和重量的优化，优点是总摆动质量小，单体发动机体积更紧凑、重量更小，从而提高了载荷、减少了携带燃料质量，能更好应对多台发动机协同工作场景，实现超大推力，缺点是涡轮泵出口和燃烧室之间有相对位移，不能用固定管道，因此需要设计制作出能通过压力几十兆帕高压的大流量液体的活动软管关节。

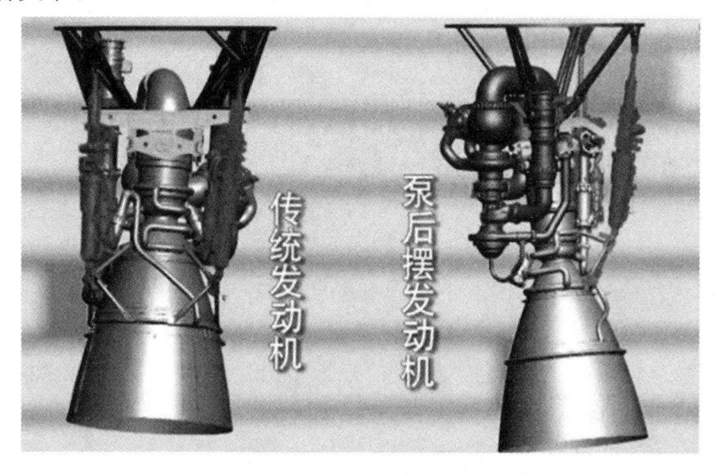

图 5-3　传统发动机和泵后摆发动机

2017 年 6 月，我国研发的 YF-100K 成功解决了高压软管等技术问题，实现了泵后摆，大大精简了液压和承力结构，使发动机整体“瘦身减重”，重量下降达 300 kg，为未来研制更大推力的发动机做了技术储备。我国也是继俄罗斯之后第二个掌握泵后摆技术的国家。

【讨论 1】什么是重型火箭？推力矢量控制系统在重型火箭中主要起什么作用？

【讨论 2】尝试用物理原理分析推力矢量控制系统的工作机理，分析这样的系统还可以用在怎样的场景下？

【讨论 3】什么是泵后摆发动机？相比传统发动机，泵后摆发动机的优势体现在哪里？

【讨论 4】尝试分析游机式和泵后摆式两种发动机的工作机理，并尝试用物理原理分析摆动式发动机是如何调整姿态的？为何泵后摆发动机更有优势？

3. 阅读材料——卫星的稳定控制

1) 陀螺的进动性

陀螺具有定轴性和进动性。当陀螺静止时，在重力矩作用下将发生倾倒。但当陀螺急速旋转时，尽管仍受重力矩作用，但这时的陀螺在绕本身的对称轴线转动的同时，对称轴

本身还将绕竖直轴 Oz 转动，这种现象叫作进动，如图 5－4(a)所示。

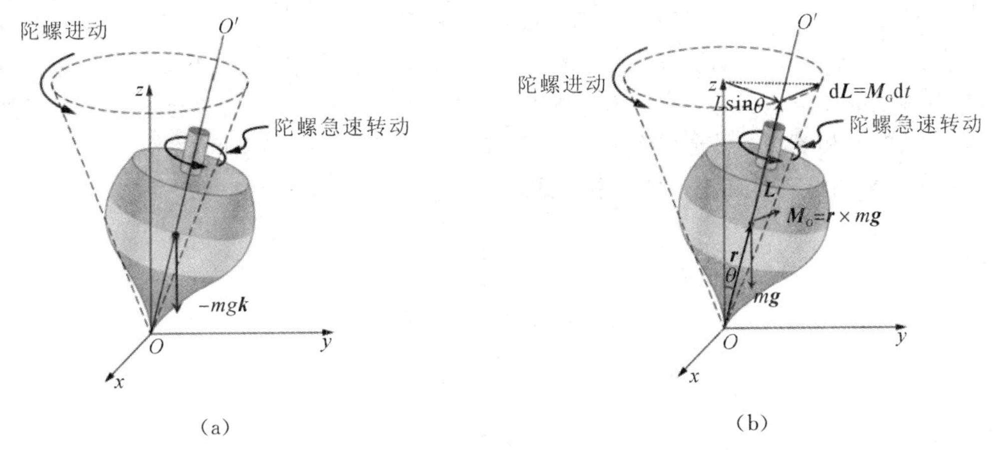

图 5－4　陀螺的进动性

陀螺在重力矩作用下为什么不倾倒呢？这其实是机械运动矢量性的一种表现。我们知道，在质点力学中，质点在外力作用下不一定沿外力方向运动，最为典型的一个例子就是匀速率圆周运动。与之类似，高速旋转的陀螺，受重力矩作用，重力矩与它的转动轴方向(角速度方向)不同，会出现进动现象。从图 5－4(b)中可以看出陀螺进动中角动量增量为

$$\mathrm{d}L = L\sin\theta\mathrm{d}\varphi = J\omega\sin\theta\mathrm{d}\varphi \tag{5-5}$$

式中：$\mathrm{d}\varphi$ 是陀螺进动中自转轴 OO' 转过距离(弦长)对应的张角，由角动量定理可知：

$$\mathrm{d}L = M_{\mathrm{G}}\mathrm{d}t = J\omega\sin\theta\mathrm{d}\varphi\mathrm{d}t \tag{5-6}$$

进动角速度为：

$$\omega_{\mathrm{p}} = \frac{\mathrm{d}\varphi}{\mathrm{d}t} = \frac{M_{\mathrm{G}}}{J\omega\sin\theta} \tag{5-7}$$

可见，陀螺的进动角速度 ω_{p} 与重力矩成正比，与陀螺自转的角动量成反比。陀螺高速自转时，如果陀螺所受的重力矩为零，则其角动量 $\boldsymbol{L}$ 为常矢量，其极轴保持空间方向不变，从而显示出陀螺的定轴性。

2) 卫星的自旋稳定

利用陀螺定轴性保证轨道姿态稳定的卫星称为自旋卫星(Spin Satellite)。卫星入轨以后受到驱动产生绕极轴的稳态旋转，成为典型的欧拉情形的刚体永久转动，其转动轴在惯性空间中保持方位不变。

这种通过卫星整体自转来保持卫星姿态稳定的方法，属于航天器姿态控制中的一种被动姿态稳定控制方式，是早期人造卫星采用的一种姿控方式，只要卫星星体的自旋角动量足够大，在环境干扰力矩的作用下，角动量方向的漂移非常慢，就可以使卫星在惯性空间达到定向控制的目的。“斯普特尼克一号”“探险者一号”和“东方红一号”卫星都采用了单自旋稳定姿态控制系统。

3) 卫星的双自旋稳定

单自旋稳定卫星结构简单、有一定的稳定精度，但缺乏定向能力。随着太空任务扩展，面对需要对地球定向及高精度定向需求时，卫星如何在没有其他东西可以依靠的环境下实现自主转向？双自旋稳定姿态控制系统(Dual Spin Device)可以解决这个问题。

双自旋系统是一种半主动姿态控制系统。如图 5－5 所示，双自旋稳定卫星分为“平台”和“转子”两个部分，两者之间通过轴承连接，需要定向的载荷放在“平台”上，辅助系统则放在“转子”中，转子的质量比平台的大得多。工作时“平台”“转子”分开转，转子恒速自旋使卫星自旋轴的姿态保持稳定，而平台则通过电机进行反向转动，当平台相对于转子的转速与转子的转速相等时，平台即实现了消旋。如图 5－6 和 5－7 所示的“东方红二号”“风云二号”卫星就采用了双自旋稳定的控制方式。

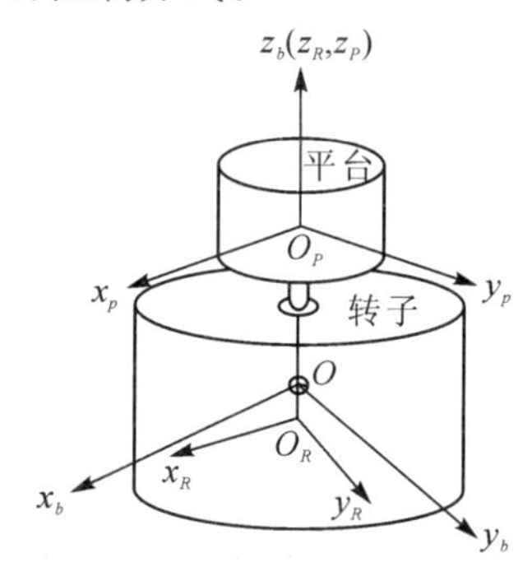

图5－5　双自旋稳定控制系统的平台和转子结构示意图

图 5－6　“东方红二号”卫星

图 5－7　“风云二号”卫星

4）卫星的“三轴”稳定

“风云四号”是“风云二号”的新一代产品。2016 年 12 月 11 日，“风云四号”卫星在西昌卫星发射中心通过“长征三号乙”运载火箭搭载成功发射。“风云四号”卫星作为风云静止卫星系列最大的突破之一是实现了稳定技术的飞跃，即从自旋稳定到三轴稳定。

三轴稳定是一种主动稳定方式。三轴稳定卫星通过三套控制回路控制绕星体坐标轴（俯仰轴、滚动轴、偏航轴）的转动，以实现姿态稳定或姿态机动。控制回路一般采用小推力器（质量喷射）或反作用飞轮（动量交换）来产生推力或推力矩，因此需要消耗一定的燃料或电能。

三轴稳定方式可以避免整星的旋转，具有良好的定向性能，可达到较高的稳定精度，较容易实现整星的姿态机动，是先进的稳定方式。

利用飞轮转动实现三轴稳定的基本思想来自双自旋卫星。从整星转子旋转演变缩小成单个飞轮的旋转，飞轮安装在卫星内部。将定向不动部分由平台扩大到整个星体。动量飞轮工作时保持旋转，从而具有一定角动量，整星平台可根据需要与动量飞轮交换角动量。就像航天员通过调整手臂姿态以调整自己身体的转速一样，实现卫星对地球或其他天体的定向和其他姿控要求，如图 5－8 所示。偏置动量飞轮中的角动量能使航天器具有陀螺定轴性，偏置动量稳定姿态控制系统的总动量不为零，其值就是所谓的偏置动量。

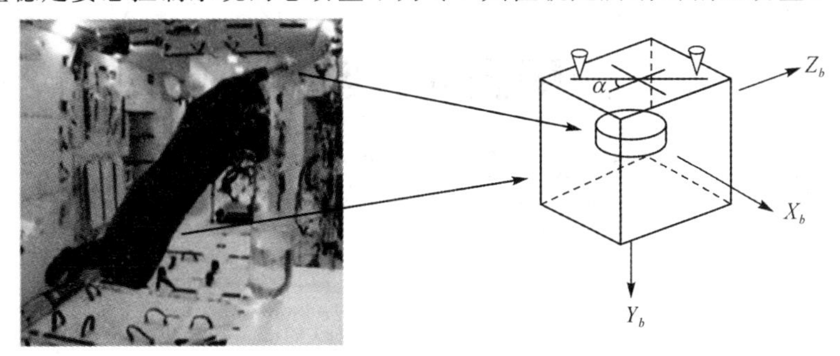

图 5-8　三轴稳定姿态控制的动量轮

【讨论 1】什么是陀螺的定轴性？陀螺的定轴性在自旋和双自旋姿态调整控制系统中是如何保障卫星姿态稳定的？

【讨论 2】三轴稳定系统一般是如何实现星体姿态调整的？除了卫星还可以适用于哪些情况？

【讨论 3】偏置动量飞轮是什么？尝试分析内置偏置动量飞轮的工作机理与物理原理。

【讨论 4】如果增加动量飞轮的数量并将它们合理布局，可以使卫星在任意三维方向上产生“自由”大小的角动量以供旋转定向和姿控。这种方法大大提升了控制精度，卫星也变得更加灵活，因此被广泛用于各种卫星的姿控分系统。例如，安装在哈勃望远镜和我国天和核心舱外的控制力矩陀螺(CMG)的姿控原理就和动量飞轮的姿态控制原理相似。请思考并讨论控制力矩可以用在哪些场景下？其是如何工作并发挥作用的？

单元 6　热学(1)

——热学基本概念、气体动理论

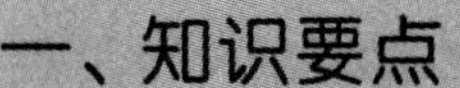

一、知识要点

1. 平衡态

一个热力学系统在不受外界影响的条件下，其宏观性质不随时间变化的状态，即系统与外界无能量和质量交换的系统状态称为平衡态。

2. 理想气体状态方程

处于平衡态的气体的热力学状态参量之间所满足的函数关系称为气体的状态方程。

理想气体状态方程为

$$pV=\nu RT=\frac{m}{M}RT \tag{6-1}$$

式中：R 为普适气体常数，$R\approx 8.31\ \mathrm{J/(mol\cdot K)}$；$m$ 和 M 为气体的质量和摩尔质量。

3. 基本宏观量的微观统计

1）理想气体的压强公式

理想气体的压强公式为

$$p=\frac{2}{3}n\bar{\varepsilon}_{t} \tag{6-2}$$

式中：$\bar{\varepsilon}_{t}=\frac{1}{2}m\overline{v^{2}}$，代表一个分子的平均平动动能，$m$ 为分子的质量；n 为分子数密度。压强公式表明：理想气体压强是大量分子无规则运动对器壁碰撞的平均效果。

2）温度公式

气体温度 T 与气体分子平均平动动能 $\bar{\varepsilon}_{t}$ 之间的关系式为

$$\bar{\varepsilon}_{t}=\frac{3}{2}kT \tag{6-3}$$

式中：$k\approx 1.38\times 10^{-23}\ \mathrm{J/K}$，为玻尔兹曼常量。温度公式表明：温度是描述热力学系统平衡态的物理量；温度是关于大量分子做无规则热运动的统计结果；温度所涉及的分子运动是在系统质心参考系中测量的，所有分子的平动动能总和也就是系统内能的组成部分。

3）能量均分定理

处于平衡态的理想气体分子，无论做何种运动，分配在每个自由度上的平均动能为 $kT/2$。对于自由度为 i 的分子，其分子的平均动能为

$$\bar{\varepsilon}_k=\frac{i}{2}kT \tag{6-4}$$

对于单原子分子，$i=3$，其分子的平均动能 $\bar{\varepsilon}_k=\frac{3}{2}kT$；对于双原子分子，$i=5$，其分子的平均动能 $\bar{\varepsilon}_k=\frac{5}{2}kT$；对于多原子分子，$i=6$，其分子的平均动能 $\bar{\varepsilon}_k=3kT$。

4）理想气体的内能

1 mol 理想气体的内能为

$$E=N_A\bar{\varepsilon}_k=\frac{i}{2}N_AkT=\frac{i}{2}RT \tag{6-5}$$

ν mol 理想气体的内能为

$$E=\nu\frac{i}{2}RT \tag{6-6}$$

二、测试题

1. 一容器装着一定量的某种气体，下述几种说法中正确的是【　　】。

A. 容器中各部分压强相等，这一状态一定为平衡态

B. 容器中各部分温度相等，这一状态一定为平衡态

C. 容器中各部分压强相等，且各部分密度也相同，这一状态一定为平衡态

D. 以上都不对

2. 如果在一固定容器内，理想气体分子速率都提高为原来的 2 倍，那么【　　】。

A. 温度和压强都升高为原来的 2 倍

B. 温度升高为原来的 2 倍，压强升高为原来的 4 倍

C. 温度升高为原来的 4 倍，压强升高为原来的 2 倍

D. 温度与压强都升高为原来的 4 倍

3. 1 mol 刚性双原子分子理想气体，当温度为 T 时，其内能为【　　】。

A. $\frac{3}{2}RT$　　B. $\frac{3}{2}kT$　　C. $\frac{5}{2}RT$　　D. $\frac{5}{2}kT$

三、研讨与实践

1. 低温制冷装备

2021 年 4 月，由中国科学院理化技术研究所承担的国家重大科研装备研制项目“液氦

到超流氦温区大型低温制冷系统研制”通过验收及成果鉴定，标志着我国具备了研制液氦温度(零下 269℃)千瓦级和超流氦温度（零下 271℃）百瓦级大型低温制冷装备的能力，打破了发达国家的技术垄断。

请问：该装备的研制成功，满足了哪些国家战略高技术发展的迫切需要？在哪些应用和成果转化方面取得了重要进展？

2. 绝对零度

绝对零度是冰冷的极致，其热力学温标写成 0 K，即零下 273.15℃，是一个理想的、无法达到的最低温度。长期以来，科学家们向着这个目标发起了一次又一次挑战。2021 年 7 月，中科院物理所无液氦稀释制冷机成功实现零下 273.1391℃(约绝对零度以上 0.0109℃)以下极低温运行。

请问：

(1) 稀释制冷机是一种能够提供接近绝对零度环境的高端科研仪器，它主要应用于哪些科研领域？

(2) 无液氦稀释制冷机是商业上可以买到的温度最低的制冷机，不需要液氦辅助就可以实现仅仅高于绝对零度 0.01℃的极低温。它具有哪些优点？

3. 测温设备

请通过文献检索，结合所学的热学知识，了解目前市面上测温计(测温设备)的种类及其物理原理、优缺点，以及哪种测温计最快速、准确。例如智能无感式热成像提问筛查系统，运用红外热成像测温技术，能快速、有效地鉴别人群中的发热个体。

结合所学热学知识，自制一种可测量液体温度的温度计。

单元7 热学(2)

——热力学第一定律、热力学第二定律

一、知识要点

1. 功和热量

做功和传热是改变系统内能的两种方式。对系统做功使其内能变化，是机械运动转化为分子热运动，而传热是系统通过系统内分子与外界边界处分子之间的碰撞来实现的，是两者无规则热运动之间交换能量的过程。

功和热量都是过程量。

对于有限的准静态过程，气体对外做的功为

$$A=\int_{V_1}^{V_2} p\mathrm{d}V \tag{7-1}$$

式中：p 和 V 是气体的状态参量。因此，功不仅和系统的始末状态有关，还与系统经历的热力学过程密切相关。

气体对外做的功就是 $p-V$ 状态曲线和横坐标围成的面积。

2. 准静态过程

热力学系统从一个状态变化到另一个状态时，若经历这一热力学过程中的任一中间状态都无限接近平衡态，则这一过程称为准静态过程。

准静态过程可以用系统状态图($p-V$ 图、$p-T$ 图和 $T-V$ 图)中的一条曲线来表示，曲线上的任一点表示系统的一个平衡态。

3. 热力学第一定律

系统从外界吸收的热量 Q 等于系统内能的增量 ΔE 和对外做的功 A，即

$$Q=\Delta E+A \tag{7-2}$$

同时规定：当 $Q>0$ 时，系统从外界吸热，反之系统向外界放热；当 $A>0$ 时，系统对外做正功，反之外界对系统做正功。对无限小状态变化过程，有

$$\mathrm{d}Q=\mathrm{d}E+\mathrm{d}A \tag{7-3}$$

4. 热力学第一定律应用于理想气体的几个准静态过程的主要公式

理想气体等温过程($\Delta E=0$)：

$$Q_T=A=\nu RT\ln\frac{V_2}{V_1}=\nu RT\ln\frac{p_1}{p_2} \tag{7-4}$$

理想气体等压过程：

$$A=\nu R(T_2-T_1),\ Q_p=(E_2-E_1)+\nu R(T_2-T_1)=\left(\frac{i}{2}+1\right)\nu R(T_2-T_1) \tag{7-5}$$

理想气体等容过程：

$$Q_V=E_2-E_1=\frac{i}{2}\nu R(T_2-T_1)=\nu C_{V,m}(T_2-T_1)=\frac{i}{2}V(p_2-p_1) \tag{7-6}$$

理想气体绝热过程($Q=0$)：

$$A_2=-\Delta E_2=-\frac{i}{2}\nu R(T_2-T_1)=-\frac{1}{\gamma-1}(p_3V_3-p_2V_2) \tag{7-7}$$

5. 热容

和温度变化有关的热量可以用热容计算。

定义 1 mol 的物质升高 1 K 所需的热量为物质的摩尔热容，则对于 1 mol 物质温度升高 $\mathrm{d}T$ 所需的热量 $\mathrm{d}Q$，摩尔热容为

$$C_\mathrm{m}=\frac{\mathrm{d}Q}{\mathrm{d}T} \tag{7-8}$$

式中：$\mathrm{d}Q$ 是过程量(物质的摩尔热容与过程有关)。

对于理想气体，定容摩尔热容量为

$$C_{V,m}=\left(\frac{\mathrm{d}Q}{\mathrm{d}T}\right)_V=\frac{i}{2}R \tag{7-9}$$

定压摩尔热容量为

$$C_{p,m}=\left(\frac{\mathrm{d}Q}{\mathrm{d}T}\right)_p=\frac{i}{2}R+R \tag{7-10}$$

迈耶公式为

$$C_{p,m}=C_{V,m}+R \tag{7-11}$$

比热容比为

$$\gamma=\frac{C_{p,m}}{C_{V,m}} \tag{7-12}$$

6. 循环过程

工作物质的状态经历了一系列变化后，又回到原来状态，叫作系统经历了一个循环过程。

工作物质经历了一个循环，内能不变，根据热力学第一定律得 $Q=A$，即系统从外界吸收的净热量等于系统对外做的净功。

在热机循环中，系统从高温热库吸热 Q_1，对外做净功 A，向低温热库放热 $Q_2=Q_1-A$，

工作物质对外界所做的功和它吸收的热量的比值称为热机效率或循环效率，即

$$\eta=\frac{A}{Q_1}=\frac{Q_1-Q_2}{Q_1}=1-\frac{Q_2}{Q_1} \tag{7-13}$$

7. 卡诺循环

在理想卡诺循环过程中，工作物质只和两个恒温热库（$T_1>T_2$）交换热量，循环过程由两个等温和两个绝热过程形成。

卡诺热机的效率为

$$\eta_C=1-\frac{T_2}{T_1} \tag{7-14}$$

8. 热力学温标

利用卡诺循环定义的温标

$$\frac{T_1}{T_2}=\left(\frac{Q_1}{Q_2}\right)_C \tag{7-15}$$

规定水的三相点温度 $T_2\equiv 273.16$ K 作为参考温度，测量出工作物质从热库 T_1 吸收的热量和在热库 T_2 放出的热量，则可以得到温度 T_1。

9. 自然过程的方向

一切与热现象有关的实际宏观过程都是不可逆的，而且它们的不可逆性又是互相沟通的。比如，工热转换、热传导、气体绝热自由膨胀。

10. 热力学第二定律

热力学第二定律是关于自然过程的方向的规律。可以用任何一个实际的自然过程进行的方向表述。

开尔文表述：不可能从单一热源取热，使之完全变为有用功而不产生其他影响。

克劳修斯表述：不可能把热从低温物体移到高温物体而不发生任何变化。

热力学第二定律的微观意义是一切自然过程总是沿着分子热运动的无序性增大的方向进行的。

热力学第二定律的统计意义是热力学系统的自发过程是不可逆过程，总是由概率小的宏观态向概率大的宏观态方向进行的。

11. 热力学概率

某一宏观状态所对应的微观状态数(用 Ω 描述)。

12. 熵

玻尔兹曼熵公式为

$$S=k\ln\Omega \tag{7-16}$$

熵增加原理：孤立系统的熵永远不会减少，总有 $\Delta S \geqslant 0$(可逆取等号)。

二、测试题

1. 在下列各种说法中，正确的是【　　】。

(1) 平衡过程就是无摩擦力作用的过程；

(2) 平衡过程一定是可逆过程；

(3) 平衡过程是无限多个连续变化的平衡态的连接；

(4) 平衡过程在 $p-V$ 图上可用一连续曲线表示。

A. (1)、(2)　　B. (3)、(4)

C. (2)、(3)、(4)　　D. (1)、(2)、(3)、(4)

2. 在等容过程中，系统内能变化为 ΔE_1，在等压过程中，系统内能变化为 ΔE_2，则【　　】。

A. $\Delta E_1 = \frac{M}{M_{\text{mol}}} C_V \Delta T$，$\Delta E_2 = \frac{M}{M_{\text{mol}}} C_p \Delta T$

B. $\Delta E_1 = \frac{M}{M_{\text{mol}}} C_V \Delta T$，$\Delta E_2 = \frac{M}{M_{\text{mol}}} C_V \Delta T$

C. $\Delta E_1 = \frac{M}{M_{\text{mol}}} C_p \Delta T$，$\Delta E_2 = \frac{M}{M_{\text{mol}}} C_p \Delta T$

D. $\Delta E_1 = \frac{M}{M_{\text{mol}}} C_p \Delta T$，$\Delta E_2 = \frac{M}{M_{\text{mol}}} C_V \Delta T$

3. 一定量的理想气体系统经历某过程后，温度升高了，则根据热力学定律可以断定正确的是【　　】。

(1) 该系统在此过程中吸了热；

(2) 在此过程中外界对该系统作了正功；

(3) 该系统的内能增加了；

(4) 在此过程中系统既从外界吸了热，又对外作了正功。

A. (1)、(3)　　B. (2)、(3)　　C. (3)　　D. (3)、(4)　　E. (4)

三、研讨与实践

1. 氢能

请通过检索文献，观看视频资料“氢能时代还有多远?”，阅读关于郭烈锦院士的报道“引领世界能源科技产业发展，实现我国能源结构体系革命”，完成以下内容：

(1) 了解中国氢能发展现状与成果；

(2) 为实现人类用能的洁净、高效、低碳、廉价、可持续的终极目标，郭烈锦院士及其团队提出了哪些新原理、新技术?

参考资料：[1] CCTV－2央视财经频道《对话》栏目讨论“氢能时代还有多远？”

内容简介：中国科学院院士、西安交通大学动力工程多相流国家重点实验室主任郭烈锦作为特邀嘉宾，与南方科技大学清洁能源研究院院长、澳大利亚国家工程院外籍院士刘科，北京亿华通科技股份有限公司董事长张国强，宝丰能源集团总裁刘元管等一并应邀出席CCTV－2央视财经频道《对话》栏目讨论“氢能时代还有多远？”，分享中国氢能发展现状与成果，提供对氢能产业链的整体思考，展望未来发展趋势，从我们为什么需要氢能，氢能安全，氢能输运等基础设施，氢能汽车，氢能发展政策等方面，深度解读氢能时代还有多远。

[2] 【院士大会】郭烈锦院士：引领世界能源科技产业发展，实现我国能源结构体系革命。

内容简介：郭烈锦院士认为科技工作者都要进一步深入学习贯彻习近平总书记重要讲话精神，切实贯彻好落实好党中央关于国家发展战略转型的重大决策。郭烈锦院士从事的是能源（转化和利用）科学技术研发工作。郭烈锦院士强调了能源与动力科技的变革的重要性。为实现人类用能的洁净、高效、低碳、廉价、可持续的终极目标，郭烈锦院士与其团队及能源有序转化基础科学中心的全体合作者一起，有信心、有决心走出一条独辟蹊径、开拓创新的中国能源发展道路，全力以赴加快创新发展并完善运用他们在国际上提出的相关的新理论、新原理、新技术，为实现我国乃至人类社会能源供给的安全、无污染、碳中和、廉价、方便等终极目标提供核心、支撑性科学理论和技术，贡献中国方案。

2. 热力学循环

热机是一种将热能转换为功的装置。各种热机由于工作原理和使用特点不同，其内在的热力学循环过程也有本质差别。请查阅文献，结合所学的热学知识，了解不同类型热机的热力学循环过程及其特点。

例如，汽车发动机采用的内燃机运用的热力学循环过程为奥托循环；航空发动机其工作过程中的热力学循环为布雷顿循环。为什么它们的循环过程不同呢？可以从汽车发动机和航空发动机工作特点的差异入手，详细了解这两种热力学循环过程。

单元 8　真空中的静电场(1)

——库仑定律、电场、电场强度

一、知识要点

1. 点电荷模型

当一带电体的线度与其他有关长度相比可以忽略不计时，该带电体可看成是一个点电荷。

2. 电荷守恒定律

孤立系统的总电量保持不变。这一实验规律称为电荷守恒定律。电荷守恒定律是物理学中的基本定律之一。带电体中的起电、中和、静电感应和电极化等现象符合电荷守恒定律，微观粒子的反应过程也符合电荷守恒定律。

3. 真空中的库仑定律

1785 年，法国物理学家库仑(C. A. de Coulomb)从扭秤实验中发现：真空中两静止点电荷之间的相互作用力的大小，与这两个点电荷电量的乘积成正比，与它们之间距离平方成反比；作用力的方向沿两个电荷的连线，同号电荷相斥、异号电荷相吸。这称为库仑定律。它是电磁学历史上第一个定量的定律，也是电磁学的基础之一。在国际单位制中，点电荷 q_1 作用在点电荷 q_2 上的作用力表示为

$$\boldsymbol{F}_{21}=\frac{1}{4\pi\varepsilon_0}\frac{q_1q_2}{r^2}\boldsymbol{r}_{21}^0=-\boldsymbol{F}_{12} \tag{8-1}$$

库仑定律只描述了两个静止的点电荷间的作用力。这个作用力究竟是通过什么机制来传递的？关于这个问题，历史上出现了两种对立的学说：一种认为该作用不需要通过中间介质而是直接发生的，无需传递时间；另一种认为该作用要通过中间介质，传递需要一些时间。

4. 静电力的叠加原理

当空间存在多个点电荷时，多个点电荷对一个点电荷的作用力等于各个点电荷单独存在时对该电荷的作用力的矢量和。这一结论称为静电力叠加原理，可表示为

$$F=\sum_{i=1}^{n}F_{0i}=\sum_{i=1}^{n}\frac{1}{4\pi\varepsilon_0}\frac{q_0q_i}{r_i^2}r_{0i}^0 \tag{8-2}$$

只要给定电荷分布，原则上来说用库仑定律和静电力叠加原理可以解决静电学的所有问题。

5. 电场与电场强度

关于真空中电荷之间相互作用是如何传递的这一问题，历史上进行了很长时间的争论。最终英国科学家法拉第(M. Faraday，1791—1867)借用了哲学上关于物质的定义于1845年提出了电场的概念，并用电场线来表示电场强弱及方向。

放在电场中的电荷要受到电场的作用力，通过测量一个静止在电场中不同地点的试验电荷 q_0 所受的作用力，可以定量地描述电场。试验电荷所受的作用力与其电量的比值为 $\boldsymbol{F}/q_0$，与试验电荷无关，与 q_0 所在场点位置有关。因此，可以用 $\boldsymbol{F}/q_0$ 来描述电场的性质。我们把这一矢量定义为在给定点的电场强度，简称场强，用 $\boldsymbol{E}$ 表示，即

$$\boldsymbol{E}=\frac{\boldsymbol{F}}{q_0}=\frac{1}{4\pi\varepsilon_0}\frac{q}{r^2}\boldsymbol{r}^0 \tag{8-3}$$

6. 场强叠加原理

多个静止电荷在 P 点的合场强，等于各个电荷单独存在时在 P 点的场强的矢量和。这称为场强叠加原理。设有 n 个点电荷系 $\boldsymbol{E}$，其中第 i 个电荷 q_i 单独存在时在 P 点的场强为 $\boldsymbol{E}_i$，则它们在 P 点的合场强为

$$\boldsymbol{E}=\boldsymbol{E}_1+\boldsymbol{E}_2+\cdots+\boldsymbol{E}_n=\sum_{i=1}^{n}\boldsymbol{E}_i \tag{8-4}$$

二、测试题

1. 下列几种说法中哪一个是正确的？【　　】

A. 电场中某点场强的方向，就是将点电荷放在该点所受电场力的方向

B. 在以点电荷为中心的球面上，由该点电荷所产生的场强处处相同

C. 场强方向可由 $\boldsymbol{E}=\dfrac{\boldsymbol{F}}{q}$ 给出，其中 q 为试验电荷的电量，q 可正、可负，$\boldsymbol{F}$ 为试验电荷所受的电场力

D. 以上说法都不正确

2. 如图8-1所示，在坐标原点放一正电荷 Q，它在 P 点(1，0)产生的电场强度为 $\boldsymbol{E}$。现在另外有一个负电荷 $-2Q$，试问应将它放在什么位置才能使 P 点的电场强度等于零？【　　】

A. x 轴上，$x>1$

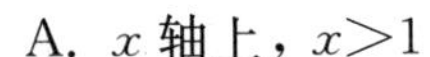

B. x 轴上，$0<x<1$

C. x 轴上，$x<0$

D. y 轴上，$y>0$

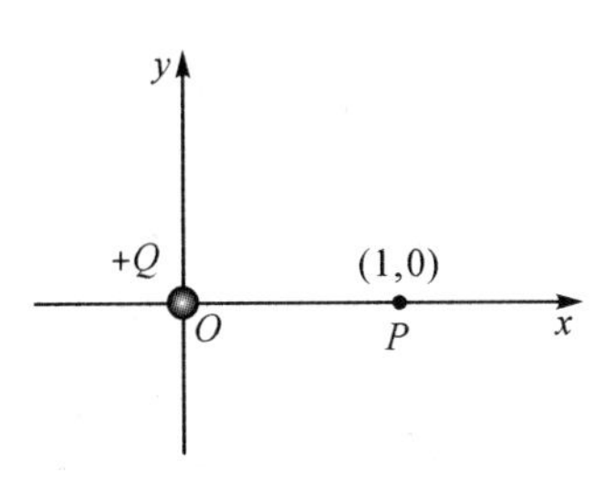

图8-1　测试题2图

E. y 轴上，$y<0$

3.【判断题】若将放在电场中某点的试探电荷 q 改为 $-q$，则该点的电场强度大小不变，方向与原来相反。【　　】

4.【判断题】电荷 q_1、q_2、q_3、q_4 在真空中的分布如图 8-2 所示，其中 q_2 是半径为 R 的均匀带电球体，S 为闭合曲面，电场强度 $\boldsymbol{E}$ 是由 q_1 和 q_4 电荷共同产生的。【　　】

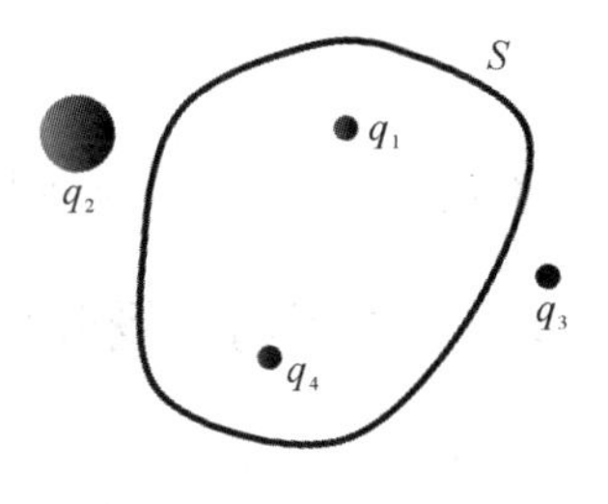

图 8-2　测试题 4 图

三、研讨与实践

1. 阅读材料——有关“电荷的量子化”的历史资料

电荷有两种，美国科学家富兰克林(B. J. Franklin)将其命名为“正电荷”与“负电荷”。构成原子的三种基本粒子是电子、质子和中子，其中中子不带电，电子带负电荷，质子带正电荷，二者的电量都是 $e=1.62\times10^{-19}$ C，其中 C 为电量的国际单位(SI 单位)，称为库仑。1907 年，在芝加哥大学任教的密立根(R. A. Milikan，1868—1953)开始做测定基本电荷的实验。他一开始用的是水滴，实验结果很不稳定，并得出带电体的电荷是“$+e$”的整数倍的结论。密立根由此获得 1923 年度的诺贝尔物理学奖。1913 年，他的博士生哈维・弗雷彻(Harvey Fletcher)用油滴代替水滴，并改进了实验设备，得出较水滴稳定得多的结果。1914 年，密立根的中国博士生李耀邦(1884—1940)利用紫胶代替油滴，测出比油滴更为精确的实验结果，并完成《以密立根方法利用固体球测定 e 值》的博士论文。这是李耀邦从 1913 年夏天开始的为期 7 个月的工作综述。

阅读以上内容，完成下面的练习。

(1) 带电颗粒(如液滴、油滴、尘埃、小球等)在什么情况下需要考虑带电粒子的重力？

(2) 带有 N 个电子的一个油滴，其质量为 m，电子的电量的大小为 e，在重力场中由静止开始下落(重力加速度为 g)，下落中穿越一均匀电场区域，欲使油滴在该区域中匀速下落，则电场的方向为________，大小为________。

(3) 请阐述什么是电荷的量子化，并解释为何在日常生活中观测不到。

(4) 李耀邦是中国近代物理学史上最早出国学习物理学并获得哲学博士学位的学者之一。他测定了固体粒子带电电荷的绝对值，对测定并证实基本电荷作出了自己的贡献。针对早期的中国科研工作人员默默无闻的贡献，谈一下你的具体看法。

2. 阅读材料——有关“密立根油滴实验”的历史资料

1909 年，美国物理学家密立根用水滴测定出了基本电荷的数值。但水滴易挥发，只能看到几秒钟的实验现象。他建议实验室的博士生哈维・弗雷彻改用油滴来做实验，并将实验结果写成论文正式发表。

1911—1913 年，维也纳大学的菲里克斯・厄仑霍夫特重复了油滴实验，但是却无法测出与论文相同的实验结果。

1913 年，密立根给出了实验数据，能很清楚地表明基本电荷的存在，并算出了基本电荷的精确值。

1969 年，史学家发现，密立根总共做了 140 次实验，他去掉了误差大的实验数据。向外公布了 58 次“完美的”实验观测数据。

1974 年，美国物理学家费曼发现自密立根之后实验测出的基本电荷数值在逐年增大。

【讨论 1】密立根通过选择性地删除数据，获得了漂亮的物理实验的结果，并对实验数据进行了修饰。谈谈你对此事的具体看法。具体描述一下你大学期间是如何完成实验数据的记录的？你是如何判别你记录的实验数据的合理性和有效性的？

【讨论 2】密立根当时获得的基本电荷数值偏低，请试着解释其原因。

【讨论 3】对于费曼发现的有趣现象，请解释其形成原因。

3. 研讨水分子的极性问题

【研讨 1】油倒入水中会出现什么现象？通过文献调研，解释一下其形成原理。

【研讨 2】自然界中有一类分子称为有极分子，它的正、负电荷中心不重合，形成电偶极子；水分子就是一种特殊的有极分子，其有极属性比其他所有分子都明显。请问这是由水分子的什么性质决定的？

4. 电偶极子

自然界中还有一类分子称为无极分子，它的正、负电荷中心重合，但在外电场作用下会发生相对位移，也形成电偶极子。我们将两个相距很近的等量异号点电荷组成的系统看成是一个电偶极子模型。电偶极矩 $\boldsymbol{p}=q\boldsymbol{l}$，其中 l 是两点电荷之间的距离，$\boldsymbol{l}$ 和 $\boldsymbol{p}$ 的方向规定由 $-q$ 指向 $+q$。请尝试分析电偶极子在均匀外电场中所受的作用。

图 8-3 表示均匀电场 $\boldsymbol{E}$ 中的一个电偶极子，电偶极矩 $\boldsymbol{p}$ 的方向与场强 $\boldsymbol{E}$ 方向间的夹角为 θ，正、负电荷所受电场力分别为

$$\boldsymbol{F}_{+}=q\boldsymbol{E},\ \boldsymbol{F}_{-}=-q\boldsymbol{E}$$

它们的大小相等、方向相反，所以电偶极子所受的合力为零，故电偶极子在均匀电场中不会平动。但是 $\boldsymbol{F}_{+}$ 和 $\boldsymbol{F}_{-}$ 不在同一直线上，这样两个力形成一个力偶，力偶矩大小为

$$M=qEl\sin\theta=pE\sin\theta$$

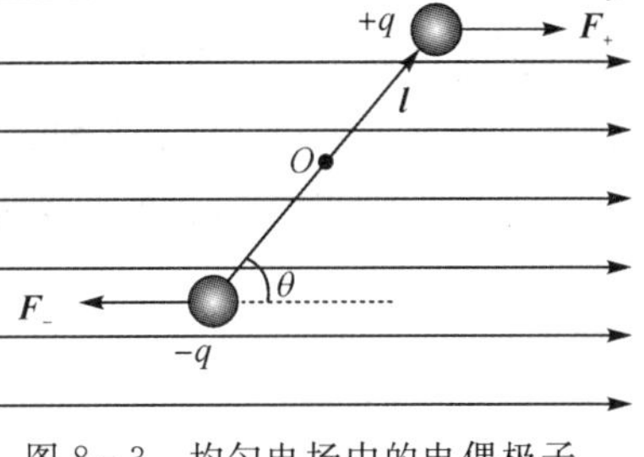

图 8-3　均匀电场中的电偶极子

写成矢量式为

$$\boldsymbol{M}=\boldsymbol{p}\times\boldsymbol{E}$$

只要 $\boldsymbol{E}$ 的方向与 $\boldsymbol{P}$ 的方向不一致，电场对电偶极子就作用一个力矩，其效果是让 $\boldsymbol{P}$ 转向 $\boldsymbol{E}$ 的方向，以达到稳定平衡状态。电偶极子在外电场中受力矩作用而旋转，使其电偶极矩转向外电场方向。

阅读以上内容，完成下列练习：

(1) 电偶极子的电偶极矩是一个矢量，它的大小是 ql(其中 l 是正负电荷之间的距离)，它的方向是由__________。

(2) 在一个带有正电荷的均匀带电球面外放置一个电偶极子，其电矩 $\boldsymbol{p}$ 的方向如图 8－4 所示。当释放该电偶极子后其运动主要是【　　】。

A. 沿逆时针方向旋转，直至电矩 $\boldsymbol{p}$ 沿径向指向球面而停止

B. 沿顺时针方向旋转，直至电矩 $\boldsymbol{p}$ 沿径向朝外而停止

C. 沿顺时针方向旋转至电矩 $\boldsymbol{p}$ 沿径向朝外，同时沿电力线方向远离球面移动

D. 沿顺时针方向旋转至电矩 $\boldsymbol{p}$ 沿径向朝外，同时逆电力线方向向着球面移动

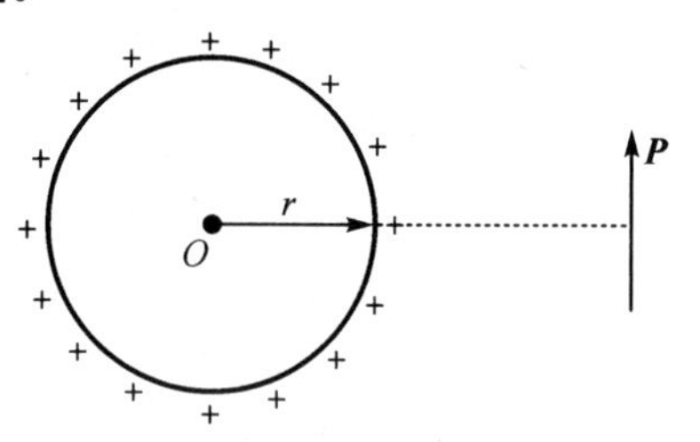

图 8－4　均匀带正电球面外放置一个电偶极子

天线是信息时代极为重要的组成部分。在日常生活中，天线的身影随处可见，小至家用路由器、手机设备上的天线，大到通信基站甚至于射电望远镜的天线。天线家族中较为简单的是偶极子天线(如图 8－5 所示)。我们常用的路由器上面的几个天线就是偶极子天线的变种。

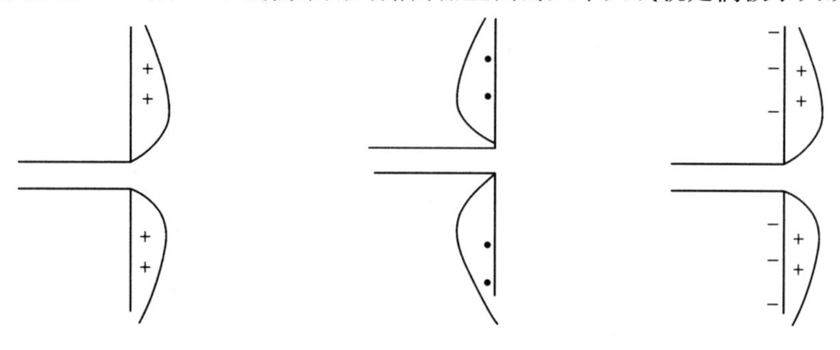

(a) 当诱导的电荷处于正半周期时的偶极子，电子向电荷移动　(b) 带负电荷的偶极子，电子远离偶极子　(c) 具有下一个正半周期的偶极子，电子再次向电荷移动

图 8－5　偶极子天线

偶极子的边缘具有最大电压。在正峰值处，电子沿一个方向移动，而在负峰值处，电子沿另一个方向移动。当正常的偶极天线工作频率是其波长的一半时，我们称其为半波偶极子天线。图 8－6 显示了半波偶极子中的电流分布 I_0。

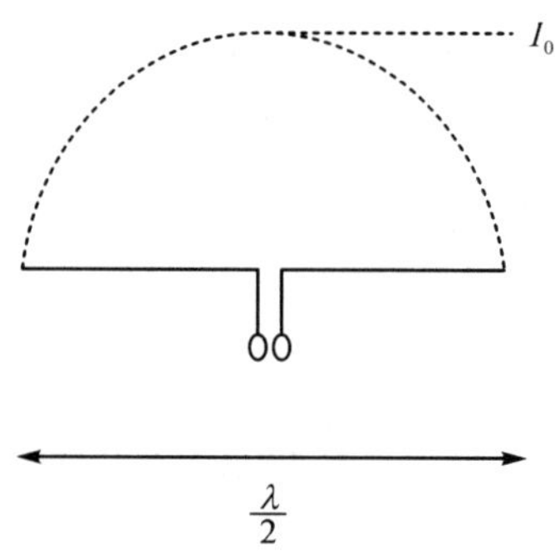

图 8－6　半波偶极子中的电流分布

读者可通过查找相关资料了解半波偶极子天线的工作原理，并尝试设计一个半波偶极子天线。

单元9　真空中的静电场(2)

——电通量、高斯定理

一、知识要点

1. 电场线

电场线只是描述场强分布的一种手段，是研究电场的一种方法，实际上电场线是不存在的，但借助实验可将电场线模拟出来。几种典型的电场线分布如图9-1所示。

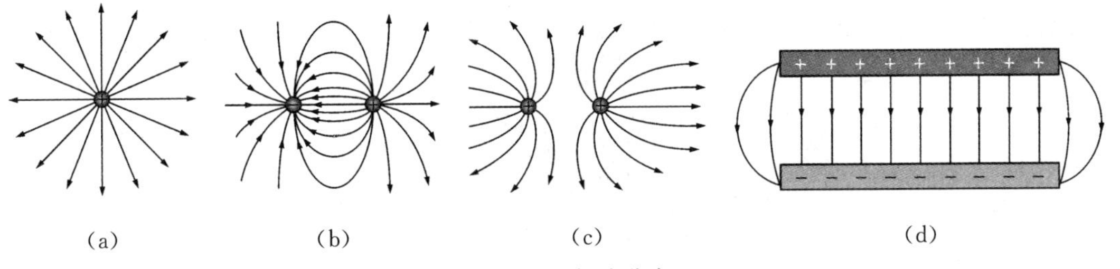

图9-1　电场线分布

我们规定电场线和电场强度 $\boldsymbol{E}$ 之间具有以下关系：

(1) 电场线上任一点的切线方向表示该点 $\boldsymbol{E}$ 的方向。

(2) 电场中某一点通过垂直电场强度方向上单位面积的电场线条数等于该点 $\boldsymbol{E}$ 的大小。

2. 电通量

如图9-2所示，在电场中通过任意曲面的电场线条数，称为通过该面的电场强度通量，简称电通量，用 Φ_e 表示。

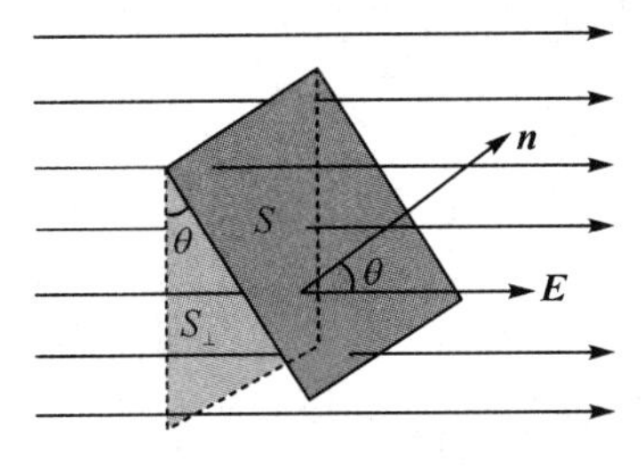

图9-2　通过平面 S 的电通量

均匀电场中通过平面 S 的电通量为

$$\Phi_e = ES_\perp = ES\cos\theta = \boldsymbol{E}\cdot\boldsymbol{S} \tag{9-1}$$

电通量的正负取决于面积元 $\mathrm{d}S$ 法线矢量 $\boldsymbol{n}_2$ 的方向。

非均匀电场中通过非闭合曲面 S(见图 9-3)的电通量为

$$\Phi_e = \int_S \boldsymbol{E}\cdot \mathrm{d}\boldsymbol{S} \tag{9-2}$$

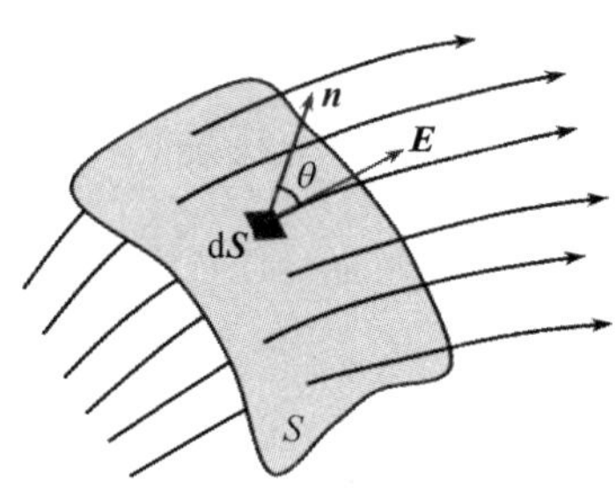

图 9-3　非闭合曲面

在任意电场中通过闭合曲面(见图 9-4)的电通量为:

$$\Phi_e = \oint_S \boldsymbol{E}\cdot \mathrm{d}\boldsymbol{S} \tag{9-3}$$

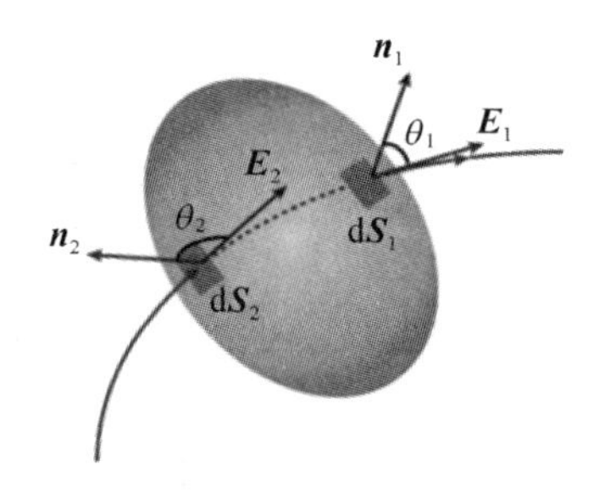

图 9-4　闭合曲面

3. 高斯定理

1840 年，德国著名数学家高斯(J. C. F. Gauss，1777—1855)发表论文《关于与距离的平方成反比的吸引力和排斥力的普遍定理》，基于距离平方反比定律，推导出了著名的高斯定理。高斯定理的提出将库仑定律提升到了一个新的高度，也为麦克斯韦方程组的提出奠定了理论基础。

高斯定理：真空中的任何静电场中，穿过任一闭合曲面的电通量等于闭合曲面所包围的电量代数和除以 ε_0，与闭合曲面外的电荷无关。其积分形式的数学表达式为

$$\Phi_e = \oint_S \boldsymbol{E}\cdot \mathrm{d}\boldsymbol{S} = \frac{1}{\varepsilon_0}\sum_{S_{内}} q_i \tag{9-4}$$

曲面 S 通常是一个假想的闭合曲面，这个闭合曲面称为高斯面，$\sum q_i$ 称为高斯面内的净电荷。运用散度定理，其微分形式的数学表达式为

$$\nabla\cdot\boldsymbol{E} = \frac{\rho}{\varepsilon_0}$$

它描述了静电场中空间某点领域内电场与场源(电荷)的关系：空间某点电场强度的散度不为 0($\nabla \cdot \boldsymbol{E} \neq 0$)，则该点必存在激发电场的场源($\rho$)。

关于高斯定理内涵的介绍如下：

(1) 高斯定理的重要意义在于把电场与产生电场的源电荷联系起来了，反映了静电场是有源电场的这一基本的性质。正电荷是电场线的源头，负电荷是电场线的尾闾。高斯定理是在库仑定律的基础上得到的，但是前者适用范围比后者更广泛。后者只适用于真空中的静电场，而前者适用于静电场和随时间变化的场。高斯定理是电磁理论的基本方程之一。

(2) 通过闭合曲面的电通量只与闭合面内的自由电荷代数和有关，而与闭合曲面外的电荷无关，也与高斯面内电荷如何分布无关。

(3) $\boldsymbol{E}$ 是闭合曲面上各点的场强，它是由高斯面内外全部电荷共同产生的合场强。面外电荷对高斯面上的电通量没有贡献，但对高斯面上任一点的电场强度却有贡献。

(4) 电场强度 $\boldsymbol{E}$ 和电通量 Φ_e 是两个不同的物理量。当闭合曲面上各点电场强度为零时，通过闭合曲面的电通量必为零。但当通过闭合曲面的电通量等于零时，曲面上各点的电场强度却不一定为零。

(5) 当电荷分布满足某些特殊对称性时，可利用高斯定理十分简便地求出其场强的空间分布。

4. 利用高斯定理求场强的步骤

用高斯定理求场强比用叠加原理求场强更简单。但是我们应该明确，虽然高斯定理是普遍成立的，但是任何带电体产生的场强并不都能由它计算出。因为这样的计算是有条件的，它要求电场分布具有一定的对称性，在具有某种对称性时，才能选取适当的高斯面，从而很方便地计算出电场的值。

利用高斯定理求场强的步骤如下：

(1) 分析电荷分布对称性，共有以下几种：

① 球对称性(点电荷、电荷均匀分布的球面、均匀带电球体)；

② 轴对称性(无限长均匀带电棒、无限长均匀带电圆柱面、圆柱体等)；

③ 面对称性(无限大带电平面、无限大带电平板等)。

(2) 分析电场强度分布对称性，共有以下几种情况：

① 具有球对称性分布电荷产生的电场强度方向沿半径方向；

② 具有轴对称性分布电荷产生的电场强度方向沿垂直于轴线方向；

③ 具有面对称性分布电荷产生的电场强度方向沿垂直于面的方向。

(3) 选取适当的高斯面，共有以下几种情况：

① 面上任一点的场强为常矢量；

② 面上一部分场强大小为常数，其他部分为零；

③ 面上一部分场强大小为常数，其他部分为已知；

④ 面上任一点的面元法线与电场强度方向一致。

一般求具有球对称性分布的电场作的高斯面是球面，具有轴对称性或面对称性分布的电场作的高斯面是圆柱面。

(4) 计算通过高斯面的场强通量

$$\Phi_e = \oint_S \boldsymbol{E} \cdot \mathrm{d}\boldsymbol{S}$$

及高斯面内所包围的电荷的代数和

$$\frac{1}{\varepsilon_0}\sum_{S_{内}} q$$

由高斯定理 $\oint_s \boldsymbol{E} \cdot \mathrm{d}\boldsymbol{S} = \frac{1}{\varepsilon_0}\sum_{S_{内}} q$ 求出 E 的大小，同时表明 $\boldsymbol{E}$ 的方向。

二、测试题

1. 已知一高斯面所包围的体积内电量代数和 $\sum q_i = 0$，则可肯定【　　】。

A. 高斯面上各点场强均为零　　B. 穿过高斯面上每一面元的电通量均为零

C. 穿过整个高斯面的电通量为零　　D. 以上说法都不对

2. 对于高斯定理 $\oint_s \boldsymbol{E} \cdot \mathrm{d}\boldsymbol{S} = \int_v \rho \cdot \frac{\mathrm{d}v}{\varepsilon_0}$，以下说法正确的是【　　】。

A. 适用于任何静电场

B. 只适用于真空中的静电场

C. 只适用于具有球对称性、轴对称性和平面对称性的静电场

D. 只适用于虽然不具有 C. 中所述的对称性，但可以找到合适的高斯面的静电场

3. 设真空中有两块互相平行的无限大的均匀带电平面，其电荷密度分别为 $+\sigma$ 和 $+2\sigma$，两板之间的距离为 d，则两板间的电场强度大小为【　　】。

A. 0　　B. $\frac{3\sigma}{2\varepsilon_0}$　　C. $\frac{\sigma}{\varepsilon_0}$　　D. $\frac{\sigma}{2\varepsilon_0}$

4. 关于对高斯定理的理解，以下几种说法中正确的是【　　】。

A. 如果高斯面上 $\boldsymbol{E}$ 处处为零，则该面内必无电荷

B. 如果高斯面内无电荷，则高斯面上 $\boldsymbol{E}$ 处处为零

C. 如果高斯面上 $\boldsymbol{E}$ 处处不为零，则高斯面内必有电荷

D. 如果高斯面内有净电荷，则通过高斯面的电场强度通量必不为零

5. 若在边长为 a 的正立方体中心有一个电量为 q 的点电荷，则通过该立方体任一面的电场强度通量为【　　】。

A. $\frac{q}{\varepsilon_0}$　　B. $\frac{q}{2\varepsilon_0}$　　C. $\frac{q}{4\varepsilon_0}$　　D. $\frac{q}{6\varepsilon_0}$

6. 【判断题】一点电荷 q 处在球形高斯面的中心，当将另一个点电荷置于高斯球面外附近时，此高斯面上任意点的电场强度发生变化，但通过此高斯面的电通量不变化。【　　】

7. 【判断题】点电荷 q 位于一边长为 a 的立方体中心，若以该立方体作为高斯面，可以求出该立方体表面上任一点的电场强度。【　　】

三、研讨与实践

1. 阅读材料——有关“氢原子模型”的历史资料

1897 年，英国物理学家汤姆逊(J. J. Thomson)首次发现了电子，证明了原子中存在带负电的电子。1903 年，汤姆逊根据实验，首次提出了原子的“葡萄干布丁”模型：原子的正电荷均匀分布在半径为 1.0×10^{-10} m 的球体内，原子的负电荷(即电子)则在正电荷球内运动。

1909—1911 年，汤姆逊的学生卢瑟福(E. Rutherford)对金箔做了 α 粒子的散射实验，发现汤姆逊提出的理论模型无法解释实验中发生的大角度偏转现象，故提出了原子的核模型：原子的正电荷量 e 均匀分布在半径为 R(约10^{-15} m)的球体内，原子的负电荷量 $-e$ 集中成电子，在正电荷的球体内运动。

【讨论 1】以金箔中的金原子为例，请用高斯公式判断卢瑟福模型和汤姆逊模型哪一个是正确的。

【讨论 2】α 粒子大角度散射现象出现时并未引起卢瑟福的学生盖革足够的注意，于是卢瑟福意识到原子内部可能存在造成这种现象的核。在诺贝尔奖授奖演说中，卢瑟福描述了他和学生盖革长时间利用低倍显微镜在暗室中“枯燥地”计算 α 粒子击中硫化锌屏上的闪烁次数，并与其他方法比较。这样的工作精神也导致大角度散射即原子有核结构的发现。请问当你在做大学物理实验时，在枯燥的实验数据记录和烦琐的操作中，是否也存在上述对实验现象不敏感的问题？请提出解决办法。

【讨论 3】查阅文献，阐述 α 粒子穿过金箔中的金原子后发生偏转的原因。

【讨论 4】查阅文献，阐述为什么 α 粒子会有不同的偏转角度。

【讨论 5】高斯定理与库仑定律之间有何关系？

【讨论 6】英国剑桥大学卡文迪许实验室在鼎盛时期获誉“全世界二分之一的物理学发现都来自这里。”。1904 年至 1989 年，该实验室在这 85 年间一共产生了 29 位诺贝尔奖得主。卢瑟福的学生卡皮查曾说过：“卢瑟福总是在研究新的课题，他几十年发表了两百多篇论文和三本专著，而这只占他工作的百分之几。”卢瑟福是汤姆逊的学生，他通过自己设计的实验推翻了老师的理论模型。中国有句古话：“青出于蓝而胜于蓝”，请问你在平时的学习中是如何实践这句话的？

2. 手机触摸屏的工作原理

中国的网民已经超过 10 亿人，中国的智能手机普及率也高达 80%以上。一部小小的手机里包含了 10 个诺贝尔奖，蕴含着一部高科技发展史。如今平板电脑、智能手机的输入可以通过手机触摸屏来实现。请通过查阅文献，简述手机触摸屏的工作原理。

【讨论 1】请问手机里用到的诺贝尔物理学奖的成果都有哪些？

【讨论 2】请问智能手机发展至今还有哪些制约因素？

【讨论 3】如何描绘出手机触摸屏上电场线的变化？

【讨论 4】试分析因手指移动、接触面积增加、按压力度增大等因素引起的手指与手机触摸屏之间状态的变化。

【讨论 5】用沾了水的手去触摸手机屏幕会发生什么情况？请解释其原因。

【讨论 6】为什么戴上手套后无法实现手机触摸屏的操作？

【讨论 7】请简述指纹传感芯片的工作原理。

单元 10　真空中的静电场(3)

——环路定理、电势

一、知识要点

1. 环路定理

由于静电场力做功与路径无关，因此，如图 10－1 所示，在静电场中，试验电荷 q_0 由任意点 P_1 沿闭合路径一周再回到 P_1 点，电场力做功必然为零，即

$$A=\int_{P_1}^{P_2} q_0\boldsymbol{E}\cdot\mathrm{d}\boldsymbol{l}+\left(-\int_{P_1}^{P_2} q_0\boldsymbol{E}\cdot\mathrm{d}\boldsymbol{l}\right)=0$$

q_0 在静电场中沿闭合路径 L 运动一周，静电力对它作功表示为

$$\oint_L q_0\boldsymbol{E}\cdot\mathrm{d}\boldsymbol{l}=0$$

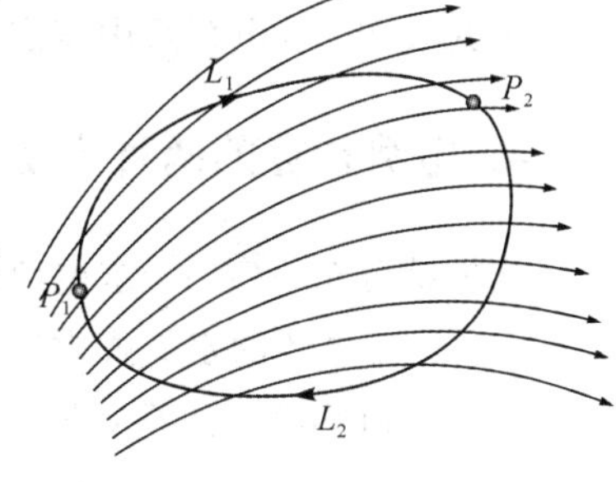

图 10－1　静电场环路定理

由于 $q_0\neq 0$，所以有

$$\oint_L \boldsymbol{E}\cdot\mathrm{d}\boldsymbol{l}=0 \tag{10-1}$$

式中：$\oint_L \boldsymbol{E}\cdot\mathrm{d}\boldsymbol{l}$ 为静电场场强的环流。式(10－1)称为静电场的环路定理：静电场场强沿任一闭合回路的环流都等于零。这也表明静电场是有源无旋场，电场线不闭合。

静电场的环路定理是静电场的重要特征之一，静电学中的一切结论都可以从高斯定理及环路定理得出，它们是静电场的基本定理。

2. 电势

电荷在电场中某点的电势能与电量的比值与 q_0 无关，只与电场在该点的性质和位置有关，因此这一比值是描述电场中任一点电场性质的一个基本物理量 φ，它同 $\boldsymbol{E}$ 一样，反映的是电场本身的性质。电势的定义式为

$$\varphi_a=\frac{W_a}{q_0}=\frac{A_{a“0”}}{q_0}\int_a^{“0”}\boldsymbol{E}\cdot\mathrm{d}\boldsymbol{l} \tag{10-2}$$

若电势能零点选在无穷远处，则有

$$\varphi = \int_a^{\infty} \boldsymbol{E} \cdot \mathrm{d}\boldsymbol{l} \tag{10-3}$$

上式表明，电场中某一点 a 的电势等于单位正电荷从该点移到电势为零处(电势能为零处)静电力对它做的功。

3. 电势叠加原理

在点电荷系 q_1，q_2，…，q_n 产生的电场中，由场强叠加原理可知，总场强为

$$\boldsymbol{E} = \boldsymbol{E}_1 + \boldsymbol{E}_2 + \cdots + \boldsymbol{E}_n$$

取无穷远处为电势零点，则任意点 a 的电势为

$$\begin{aligned}\varphi &= \int_a^{\infty} \boldsymbol{E} \cdot \mathrm{d}\boldsymbol{l} = \int_a^{\infty} (\boldsymbol{E}_1 + \boldsymbol{E}_2 + \cdots + \boldsymbol{E}_n) \cdot \mathrm{d}\boldsymbol{l} \\ &= \int_a^{\infty} \boldsymbol{E}_1 \cdot \mathrm{d}\boldsymbol{l} + \int_a^{\infty} \boldsymbol{E}_2 \cdot \mathrm{d}\boldsymbol{l} + \cdots + \int_a^{\infty} \boldsymbol{E}_n \cdot \mathrm{d}\boldsymbol{l} \\ &= \varphi_1 + \varphi_2 + \cdots + \varphi_n \end{aligned} \tag{10-4}$$

上式表明，点电荷系中某点电势等于各个点电荷单独存在时产生的电势的代数和。

4. 电势计算的两种方法

当电荷分布一定时，求电势分布的计算是静电场的另一类基本问题。

(1) 根据电势的定义式求解。

这种求电势的方法是对场空间积分，电荷分布应具有对称性，这样容易用高斯定理求出场强分布。选定电势的零参考点，从场点 a 到零势点可取任意路径进行积分。为了便于计算，选取路径应尽量与电场线重合或垂直，如果积分路径上各区域内电场强度不连续，则必须分段积分。

(2) 根据点电荷的电势和电势叠加原理求电势。

电势零参考点选在无穷远处，求点电荷系的电势分布时，可直接把各点电荷的电势叠加(求代数和)，求带电体的电势分布，即把带电体分割成许多电荷元(视为点电荷)进行积分。注意该积分是对场源积分。

5. 等势面

画等势面是研究电场的一种极为有用的方法。在很多实际问题中，电场的电势分布往往不能很方便地用函数形式表示，但可以用实验的方法测绘出等势面的分布图，从而了解整个电场的性质。

电势相等的点连接起来构成的曲面称为等势面。规定任意两个相邻的等势面之间的电势差相等，从等势面的疏密分布可以形象地描绘出电场中电势和电场强度的空间分布。等势面具有如下特点：

(1) 等势面上移动电荷时电场力不做功；

(2) 任何静电场中的电力线与等势面正交；

(3) 电场线总是指向电势降低的方向；

(4) 等势面密集处电场强度大，等势面越稀疏，场强越小。

6. 场强与电势的微分关系

电场强度在直角坐标系中的矢量式为

$$\boldsymbol{E}=E_x\boldsymbol{i}+E_y\boldsymbol{j}+E_z\boldsymbol{k}=-\left(\frac{\partial\varphi}{\partial x}\boldsymbol{i}+\frac{\partial\varphi}{\partial y}\boldsymbol{j}+\frac{\partial\varphi}{\partial z}\boldsymbol{k}\right) \tag{10-5}$$

数学上，$\frac{\partial\varphi}{\partial x}\boldsymbol{i}+\frac{\partial\varphi}{\partial y}\boldsymbol{j}+\frac{\partial\varphi}{\partial z}\boldsymbol{k}$ 叫作 φ 的梯度，记作：

$$\mathrm{grad}\varphi=\nabla\varphi=\frac{\partial\varphi}{\partial x}\boldsymbol{i}+\frac{\partial\varphi}{\partial y}\boldsymbol{j}+\frac{\partial\varphi}{\partial z}\boldsymbol{k}$$

其中矢量算符$\nabla=\frac{\partial}{\partial x}\boldsymbol{i}+\frac{\partial}{\partial y}\boldsymbol{j}+\frac{\partial}{\partial z}\boldsymbol{k}$，所以有

$$\boldsymbol{E}=-\mathrm{grad}\varphi=-\nabla\varphi \tag{10-6}$$

场强与电势的微分关系说明，电场中某点的场强决定于电势在该点的空间变化，而与该点电势本身无直接关系。由于电势是标量，与场强矢量相比，电势更易于计算。因此，计算时往往先求电场的电势分布，再利用场强与电势的微分关系求场强较为方便。

二、测试题

1. 关于静电场的保守性的叙述可以表述为【　　】。

A. 静电场场强沿任一曲线积分时，只要积分路径是某环路的一部分，积分结果就一定为零

B. 静电场场强沿任意路径的积分与起点和终点的位置有关，也要考虑所经历的路径

C. 当点电荷 q 在任意静电场中运动时，电场力所做的功只取决于运动的始末位置而与路径无关

D. 静电场场强沿某一长度不为零的路径做积分，若积分结果为零，则路径一定闭合

2. 如图 10-2 所示，在带电量为 q 的点电荷的静电场中，将一带电量为 q_0 的试验电荷从 a 点经任意路径移动到 b 点，外力所作的功 $A_1=$________；电场力所作的功 $A_2=$________。

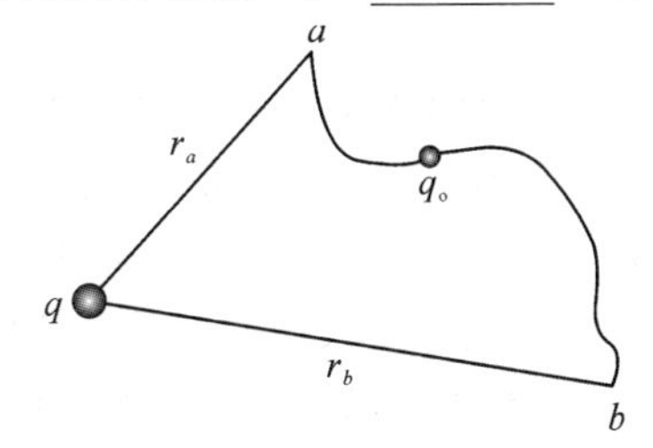

图 10-2　测试题 2 图

3.【判断题】静电场中某点电势值的正负取决于电势零点的选取。【　　】

4. 图 10－3 中实线为某电场中的电场线，虚线表示等势面，由图可看出【　　】。

A. $E_A > E_B > E_C$，$U_A > U_B > U_C$

B. $E_A < E_B < E_C$，$U_A < U_B < U_C$

C. $E_A > E_B > E_C$，$U_A < U_B < U_C$

D. $E_A < E_B < E_C$，$U_A > U_B > U_C$

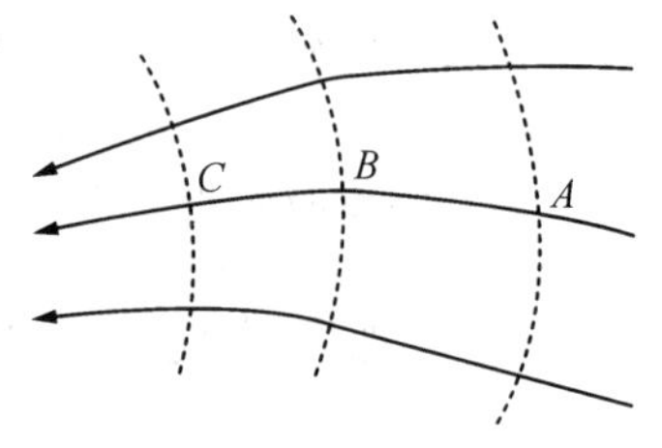

图 10－3　测试题 4 图

5.【判断题】静电场的保守性体现在电场强度的环流等于零。【　　】

三、研讨与实践

1. 阅读材料——静电除尘技术

过去，为了经济的迅速发展，中国的很多城市都被笼罩在浓烟下，导致一年中绝大多数都是雾霾天。党的十八大以来，习近平总书记多次强调和阐述"绿水青山就是金山银山"的环保理念，历经十年伟大变革，中国的环保工作取得了显著的成就。

【讨论 1】通过网络调研，举例说明哪些物理学方法可应用于中国的生态环境保护，并解释其物理原理。

【讨论 2】阅读教材静电除尘技术一节的内容，并阐述静电除尘技术中都用到了哪些物理学原理。

【讨论 3】北宋诗人苏轼曾说过："横看成岭侧成峰，远近高低各不同"，告诉我们要从多个角度看待问题。谈谈如何通过物理理论联系实际的工程应用，真正做到趋利避害，造福人类呢？

【讨论 4】环境保护人人有责，请问你愿意成为一名环保志愿者吗？如果愿意，你通常会采用哪些与科技有关的手段呢？

【讨论 5】你觉得高校大学生有义务研发新的环保技术和环保产品吗？你愿意加入其中吗？请说明理由。

2. 静电离子球辉光放电

通过网络，观看科技馆里静电离子球辉光放电的相关视频。

【讨论 1】通过观看网络视频，总结一下你看到的辉光球的发光现象。

【讨论 2】试阐述辉光球是如何发光的。

【讨论 3】在现实生活中有哪些用到辉光放电的现象？请举例说明。

【讨论 4】请举例说明日常生活中还有哪些与电学有关的发光现象？并比较其物理原理。

【讨论 5】请通过电学原理简述日光灯的发光过程。

【讨论 6】日光灯发光的能量从何而来？

【讨论 7】日光灯管两端有电压，即电势差，当日光灯管放入电场中发光时，电势差又是如何变化的？

【讨论 8】当你用手触摸辉光球表面时，球周围会发生什么变化？

【讨论 9】在你的手慢慢靠近辉光球的过程中，电场力是如何变化的？在相同位移下，做的功又是如何变化的？

【讨论 10】辉光球产生的电场提供了电势差，电场力做功与电势差又有何关联？

【讨论 11】利用辉光放电也可以产生激光的特性，可以制作出氦氖激光器。通过查阅文献，阐述其物理原理。

单元 11　导体中的静电场

——静电屏蔽、电容、电场能量

一、知识要点

1. 导体、静电感应、静电平衡条件

如果将金属导体置于外电场中，则导体中的自由电子将在电场力作用下做定向运动，从而使导体中的电荷重新分布，结果使原来电中性的导体的两端面出现带正电、带负电的情况，这就是静电感应现象。

从场强的角度看，导体达到静电平衡时应满足的条件如下：

(1) 导体内部的场强处处为零；

(2) 导体表面附近的场强处处与导体表面垂直。

从电势的角度看，导体的静电平衡条件相应表述如下：

(1) 导体是等势体；

(2) 导体表面是等势面。

对于一个形状不规则的孤立带电导体，导体面上各点电荷面密度与该点导体表面的曲率有关，即静电平衡时导体表面曲率对电荷分布有影响。

由于导体表面附近的场强与表面电荷面密度成正比，因此处于静电平衡的导体的电荷面密度在尖端处最大。对于一个有尖端的带电导体来说(如图 11－1 所示)，它的尖端处电荷面密度很大，故附近的场强就特别强。

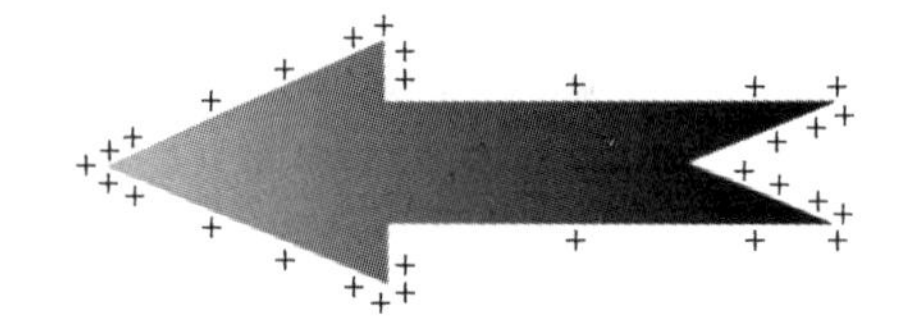

图 11－1　导体电荷的分布——尖端放电

2. 静电屏蔽

为何无论空腔导体的外静电场如何变化，其腔内电场一直为零？

导体含有大量可以自由移动的电荷，它们能随着外加电场而重新分布。如果导体如图 11－2 所示，则由于静电感应而在空腔导体的内外表面产生等量异号感应电荷。如腔内电荷变化时，空心导体的外电场也要随之变化。为了消除这种影响，可将导体壳接地，使导体壳外的电场为零。

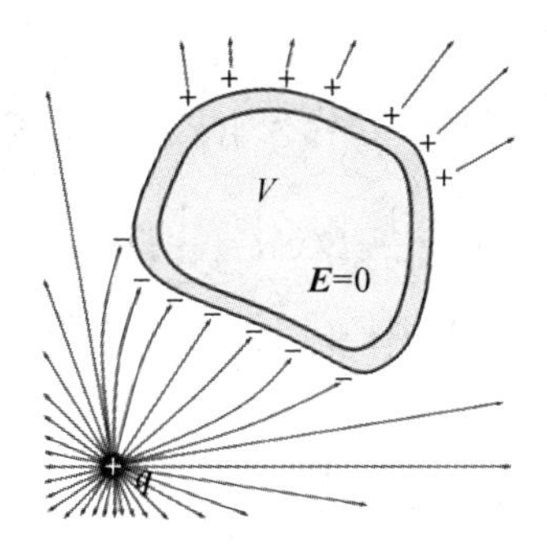

图 11-2　导体电场的分布——静电屏蔽

3. 孤立导体的电容

导体静电平衡特性之一是导体面上有确定的电荷分布，并且有一定的电势值。对于在真空中半径为 R 的孤立球形导体，假设它的电量为 q，取无限远处电势为零，那么它的电势为

$$\varphi=\frac{q}{4\pi\varepsilon_0 R}$$

上式表明，对于给定的球形导体，即 R 一定时，它的电势 φ 随其所带的电量 q 的不同发生变化，而电量与电势的比值是一定的。

我们将孤立导体的电量 q 与其电势 φ 之比定义为孤立导体的电容，用 C 表示，记作

$$C=\frac{q}{\varphi} \tag{11-1}$$

对于孤立导体球，其电容为

$$C=\frac{q}{\varphi}=\frac{q}{\dfrac{q}{4\pi\varepsilon_0 R}}=4\pi\varepsilon_0 R$$

4. 电场能量

如图 11-3 所示，以平行板电容器为例，将电容器中储存的电场能量用电场性质的物理量 $\boldsymbol{E}$ 来表征。设平行板电容器两极板板面积为 S，极板间距为 d，极板间充以相对电容率为 ε_r 的电介质。

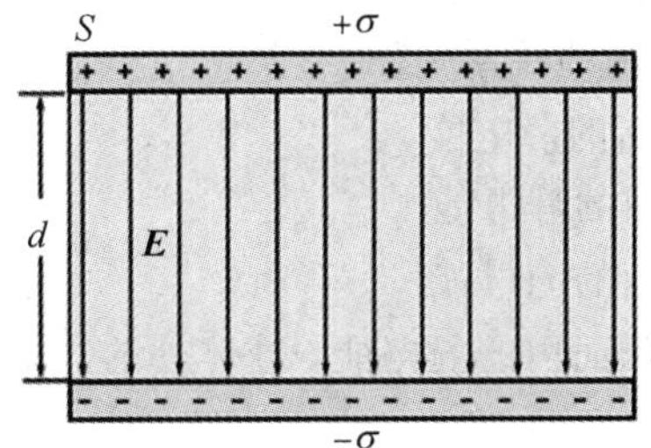

图 11-3　平行板电容器

当电容器两极板间电势差为U时，电容器的储能为

$$W=\frac{1}{2}CU^2 \tag{11-2}$$

将电容器电容$C=\frac{\varepsilon_0\varepsilon_r S}{d}=\frac{\varepsilon S}{d}$，$U=Ed$代入上式，于是有

$$W=\frac{1}{2}\varepsilon E^2 Sd=\frac{1}{2}DEV$$

式中：$Sd=V$是电容器两极板间空间的体积。我们将单位体积内的电场能量称为静电场的能量密度，用w_e表示，则有

$$w_e=\frac{W}{V}=\frac{1}{2}DE \tag{11-3}$$

由平行板电容器这一特例得出的式(11-3)是普遍成立的。

在静电场中，电场和电荷是不可分割地联系在一起的，有电场必有电荷，有电荷必有电场，而且电场与电荷之间有一一对应的关系。故在静电场中无法判断能量究竟是电荷携带的还是电场携带的。

二、测试题

1. 当一个带电导体达到静电平衡时：【　　】。

A. 表面上电荷密度较大处电势较高

B. 导体内任一点与其表面上任一点的电势差等于零

C. 导体内部的电势比导体表面的电势高

D. 表面曲率较大处电势较高

2. 两个半径相同的孤立导体球，其中一个是实心的，电容为C_1，另一个是空心的，电容为C_2，则C_1 ________ C_2。(填>、=、<)

3. 一个平行板电容器充电后与电源断开，若用绝缘手柄将电容器两极板间距离拉大，则两极板间的电势差、电场强度的大小E、电场能量W将发生如下变化：【　　】。

A. U_{12}减小，E减小，W减小

B. U_{12}增大，E增大，W增大

C. U_{12}增大，E不变，W增大

D. U_{12}减小，E不变，W不变

4. 真空中有“孤立的”均匀带电球体和一个均匀带电球面，如果它们的半径和所带的电荷都相等，则它们的静电能之间的关系是【　　】。

A. 球体的静电能等于球面的静电能

B. 球体的静电能大于球面的静电能

C. 球体的静电能小于球面的静电能

D. 球体内的静电能大于球面内的静电能，球体外的静电能小于球面外的静电能

三、研讨与实践

1. 静电屏蔽

通过查阅文献，了解静电屏蔽的原理及其应用。

【讨论 1】空腔是如何实现始终不受外界环境的影响的？

【讨论 2】在平时学习中，你是否经常受周围环境(刷手机、打游戏、看抖音)影响而导致学习效率下降呢？通过举一反三，你会采取何种措施尽量减少这些影响？

2. 避雷针

(1) 雷电灾害。

雷电属于静电，它是伴有闪电和雷鸣的放电现象。据统计，地球每秒钟有 1800 次雷雨，伴随 600 次闪电，其中会有 100 个雷电直击地面，而一次闪电所产生的能量相当于 30～144 L 汽油所产生的能量，足以让一辆普通轿车行驶约 290～1450 km，平均电流约 2×10^5 A，会对人和建筑物造成极大的危害，经常引发山林火灾。

【讨论 1】当发生雷击时，人的两脚站立点的电位不同，这种电位差在人的两脚之间就会形成一个电压，我们称之为跨步电压。如何消除电学上跨步电压引起的危险？

(2) 中国古建筑群的“正吻”。

据《谷梁传》《左传》《淮南子》等著作记载，我国南北朝时期就出现了为防止雷击而在建筑物上安装的“避雷室”，如图 11-4 所示。宋朝以来，许多建筑物都有不同形式的“雷公柱”。那时的避雷针已经同现代的避雷针原理相同。

图 11-4　我国古建筑的避雷装置

【讨论 2】历史永远是今天的镜子，了解雷电的历史对于当今人类社会的发展具有哪些方面的意义？请谈谈你的看法。

【讨论 3】举例说明日常生活中的尖端放电现象，并解释尖端放电现象的物理机制。

【讨论 4】避雷针向我们展示了“善疏则通、能导必安”的道理。请同学们举一反三，列举符合这个道理或者与这个道理相近的非电学类的物理原理。

【讨论 5】任何事物都具有两面性，避雷针也不例外，请举例说明你在日常生活中接触到的因尖端放电引起的诸多不利现象，以及人们所采取的措施。

(3) 为了检测雷电不为人知的特性，制定有效的雷电防护措施，我们必须进行人工引雷的相关实验研究。我国是目前世界上屈指可数的引雷成功的国家。

进行人工引雷时，引雷点附近会产生很强的瞬变电磁场。人工引雷场地如图 11-5 所示。

图 11-5　人工引雷场地

【讨论 6】请解释人工引雷的物理原理，并举例说明雷电在农业、环境和健康领域中的应用。

3. 静电验电器

1748 年，法国让·安东尼·诺雷于发明了验电器。如图 11-6 所示，验电器由金属球、金属杆和金属箔三部分构成，金属箔封装在玻璃瓶内。

【讨论 1】验电器是如何实现对物体静电的测量的？

1787 年，英国物理学家亚伯拉罕·贝内特发明了金箔静电计。现在实验室中使用的静电计用金属指针替代了金箔，因此也称其为指针式验电器。如图 11-7 所示，静电计由金属杆、金属指针与金属外壳等部分构成。

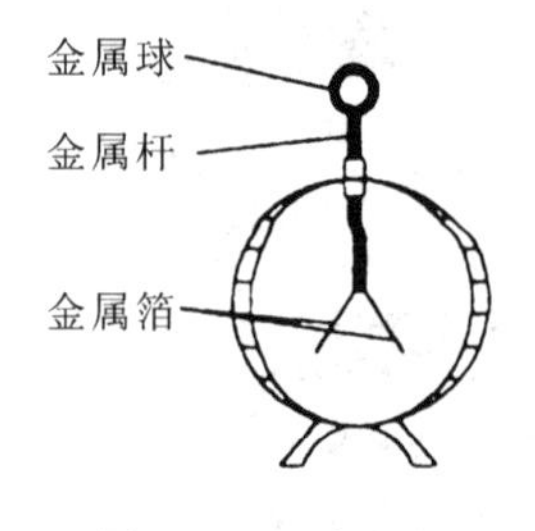

图 11-6　验电器

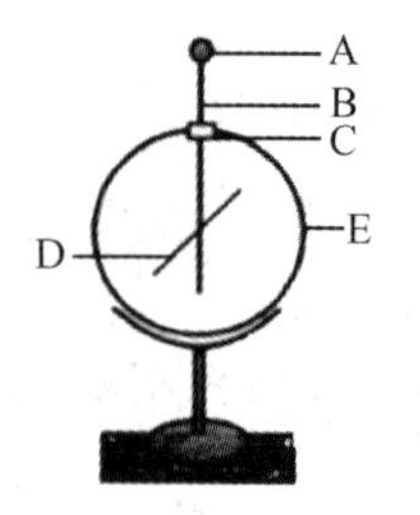

A—金属小球；
B—金属杆；
C—绝缘橡胶塞；
D—金属指针；
E—金属外壳。

图 11-7　静电计

【讨论 2】静电计能否测量物体电量的大小？若可以，请阐明其工作原理。若不可以，请问是否可以通过改装实验装置来实现？

【讨论 3】验电器与静电计的工作原理有何差别？

【讨论 4】请解释静电计测量电势差的工作原理。

【讨论 5】静电感应机实物图如图 11－8(a)所示，用静电感应机给平行板电容器充电示意图如图 11－8(b)所示。通过调研，了解静电感应机是如何将电荷高效地传递到平行板电容器的金属板上的，如何使金属板带有足够多的电量，以及如何显示金属板上已经带了足够多的电量。试分析平行板电容器充放电过程中电势差和电量、两极板间距离、电容等之间的关系。

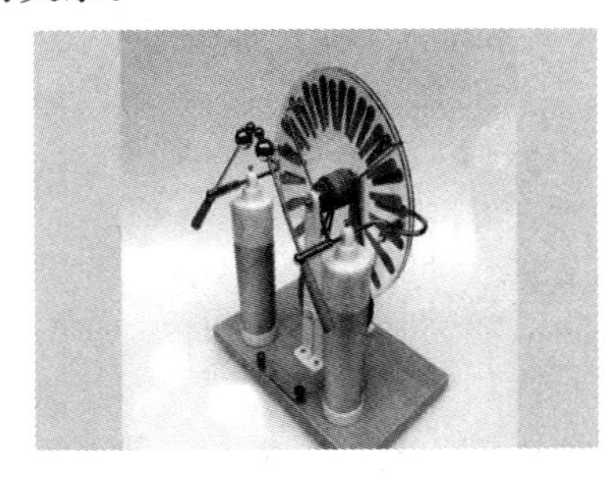

(a) 静电感应机

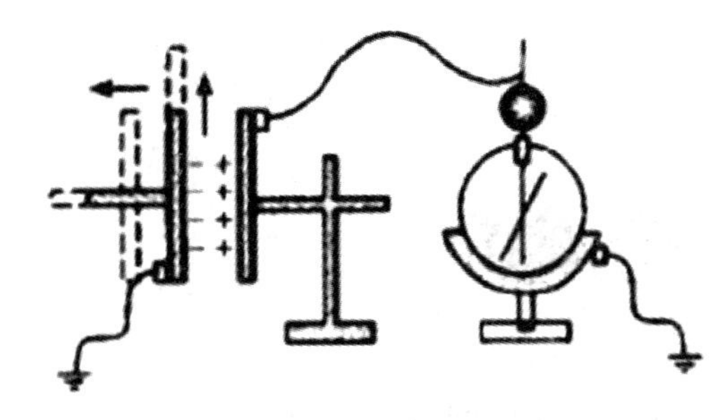

(b) 平行板电容器充电示意图

图 11－8　用静电感应机给平行板电容器充电

【讨论 6】新能源汽车对于快充、电容等一系列硬件都提出了更高的要求。与传统的静电电容器不同，超级电容器是一种新型储能装置，可在很短时间内快速完成充放电。它也可以用在智能电网、风力发电以及电磁炮上。请通过调研，解释其工作原理。

4. 工业静电的防护

集成电路产业是我国重点发展的新兴产业。根据中国“十四五”集成电路产业规划信息，到 2025 年，中国集成电路产业规模超过千亿级的产业园区将达到 9 个。长三角地区聚集了近 3 万家集成电路企业，是中国集成电路产业基础最扎实、产业链最完整、技术最先进的地区。在集成电路制造过程中，静电放电(ESD，包括电磁干扰、击穿电子元件、粉尘爆炸等)和静电引力(ESA，由灰尘引起污染等)的静电效应会引起很大的危害。ESD 过程以极高的强度迅速发生，通常会产生足够的热量熔化半导体芯片的内部电路或者将绝缘层击穿，可能使得整块集成电路永久报废。我国电子工业每年因静电造成的经济损失高达十亿元人民币。为了解决这一问题，如何有效地去除静电就变成工业生产的重要部分。深圳大学特聘教授刘俊杰在中国四个高校成立了第一批 ESD 实验室，设计出世界 ESD 防护级别最高的芯片，建立和开发了世界上第一个精确 ESD 器件仿真宏模型和仿真技术。

【讨论 1】在日常生活中你是如何感受静电的？它有哪些特征？

【讨论 2】请解释静电产生的原理。

【讨论 3】满足静电放电的基本因素是什么？

【讨论 4】一个集成电路中的电子元件从生产到损坏前的所有过程都会受到静电的影响。静电的产生具有随机性，难以预测和防护。请问静电在电子工业中的危害有哪些？

【讨论 5】日常生活中静电屏蔽都有哪些应用？请举例说明其工作原理。

【讨论 6】工业中采取的静电防护措施都有哪些？请举例说明其工作原理。

单元 12　稳恒磁场(1)

——磁场的描述

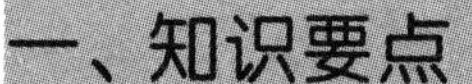

一、知识要点

1. 磁感应强度 $\boldsymbol{B}$

磁感应强度 $\boldsymbol{B}$ 是描述磁场某点特性的基本物理量。带电量为 q 的运动电荷在磁场中受到的磁场力 $\boldsymbol{F}_{\mathrm{m}}$、磁感应强度 $\boldsymbol{B}$ 和速度 $\boldsymbol{v}$ 满足如下关系：

$$\boldsymbol{F}_{\mathrm{m}}=q\boldsymbol{v}\times\boldsymbol{B} \qquad (12-1)$$

以正电荷为例，三者的关系如图 12-1 所示。

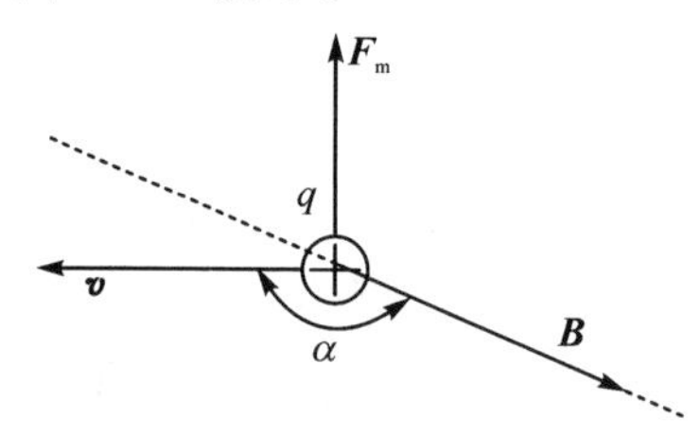

图 12-1　运动电荷 q 在磁场中所受的磁场力 $\boldsymbol{F}_{\mathrm{m}}$ 与 $\boldsymbol{B}$、$\boldsymbol{v}$ 的关系

2. 运动电荷的磁场

一个以速度 $\boldsymbol{v}$ 运动的点电荷，在距它为 $\boldsymbol{r}$ 处的 P 点的磁场为

$$\boldsymbol{B}=\frac{\mu_0}{4\pi}\frac{q\boldsymbol{v}\times\boldsymbol{r}}{r^2} \qquad (12-2)$$

式中：$\mu_0=4\pi\times10^{-7}\ \mathrm{T\cdot m/A}$ 为真空磁导率；$\boldsymbol{r}$ 为运动电荷所在点指向场点的单位矢量。图 12-2 给出了运动的正电荷激发的磁场的示意图。

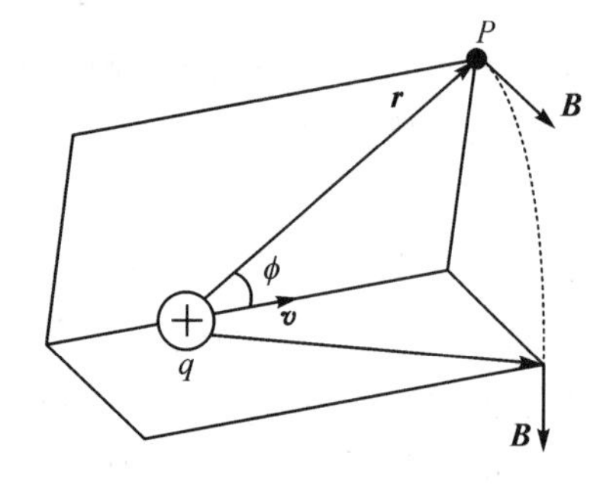

图 12-2　运动的正电荷 q 激发的磁场

3. 毕奥-萨伐尔定律

由载流导体的一段很短的电流元 $I\mathrm{d}\boldsymbol{l}$ 激发的磁场(如图 12-3 所示)为

$$\mathrm{d}\boldsymbol{B}=\frac{\mu_0}{4\pi}\frac{I\mathrm{d}\boldsymbol{l}\times\boldsymbol{r}}{r^2} \tag{12-3}$$

式中：$\boldsymbol{r}$ 为电流元指向场点的单位矢量；r 为电流元到场点的距离。

任意线电流所激发的总磁感应强度为

$$\boldsymbol{B}=\int_L \mathrm{d}\boldsymbol{B}=\frac{\mu_0}{4\pi}\int_L \frac{I\mathrm{d}\boldsymbol{l}\times\boldsymbol{r}}{r^2} \tag{12-4}$$

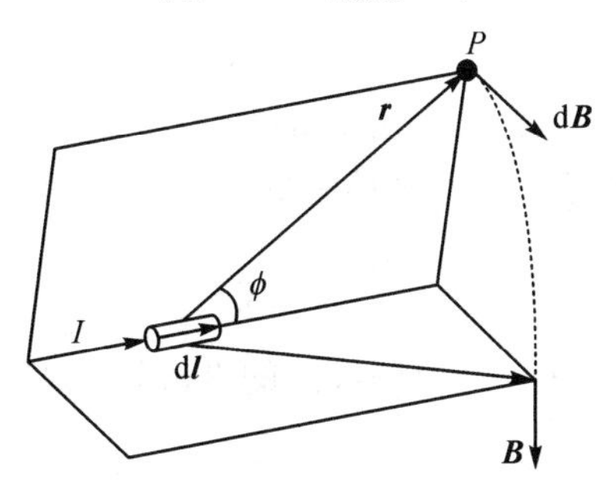

图 12－3　电流元 $I\mathrm{d}\boldsymbol{l}$ 激发的磁场

4. 几种典型电流的磁场

（1）载流直导线的磁场。其计算公式为

$$B=\frac{\mu_0 I}{4\pi d}(\cos\alpha_1-\cos\alpha_2) \tag{12-5}$$

式中：d 为场点到载流导线的距离；α_1 和 α_2 分别为载流直导线始端和末端到场点 P 的连线与载流直导线的夹角，如图 12－4 所示。

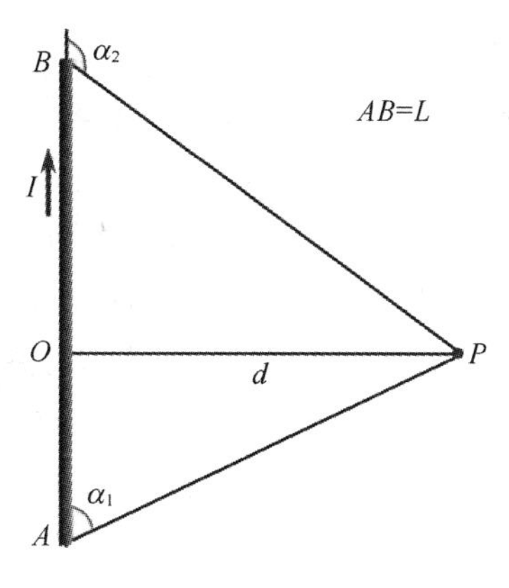

图 12－4　载流直导线的磁场

（2）无限长载流直导线的磁场。其计算公式为

$$B=\frac{\mu_0 I}{2\pi d} \tag{12-6}$$

式中：d 为场点到载流导线的距离；电流方向与磁感应强度方向满足右手螺旋关系，如图 12－5 所示。

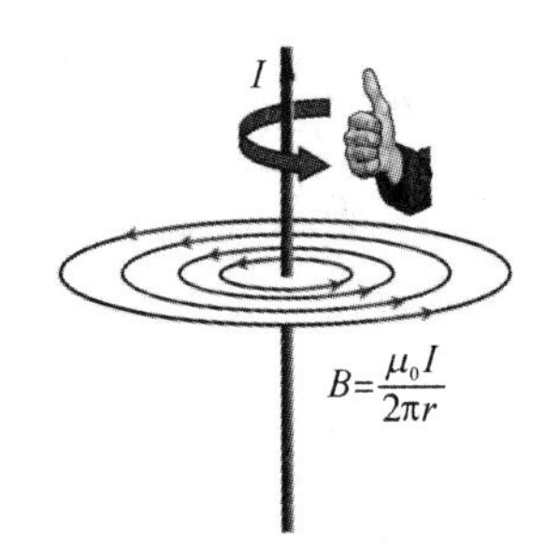

图 12－5　无限长载流直导线的磁场

（3）载流圆线圈在轴线上任一点的磁感应强度。其计算公式为

$$B=\frac{\mu_0}{2}\frac{IR^2}{(x^2+R^2)^{3/2}} \tag{12-7}$$

式中：R 为载流圆线圈的半径；I 为载流圆线圈的电流；x 为轴上场点到圆心的距离；B 的方向沿轴的方向。

（4）载流圆线圈圆心处的磁感应强度。其计算公式为

$$B=\frac{\mu_0 I}{2R} \tag{12-8}$$

（5）一段所对圆心角为 θ 的载流圆弧在圆心处的磁感应强度。其计算公式为

$$B=\frac{\theta}{2\pi}\quad\frac{\mu_0 I}{2R} \tag{12-9}$$

二、测试题

1．一圆电流在其环绕的平面内各点的磁感应强度 $\boldsymbol{B}$【　　】。

A．方向相同，大小相等　　B．方向不同，大小不等

C．方向相同，大小不等　　D．方向不同，大小相等

2．电流由长直导线流入一电阻均匀分布的金属矩形框架，再从长直导线流出，如图 12－6 所示。设图中 O_1、O_2、O_3 处的磁感应强度为 $\boldsymbol{B}_1$、$\boldsymbol{B}_2$、$\boldsymbol{B}_3$，则【　　】。

A．$\boldsymbol{B}_1=\boldsymbol{B}_2=\boldsymbol{B}_3$　　B．$\boldsymbol{B}_1=\boldsymbol{B}_2=0$，$\boldsymbol{B}_3\neq0$

C．$\boldsymbol{B}_1=0$，$\boldsymbol{B}_2\neq0$，$\boldsymbol{B}_3=0$　　D．$\boldsymbol{B}_1=0$，$\boldsymbol{B}_2\neq0$，$\boldsymbol{B}_3\neq0$

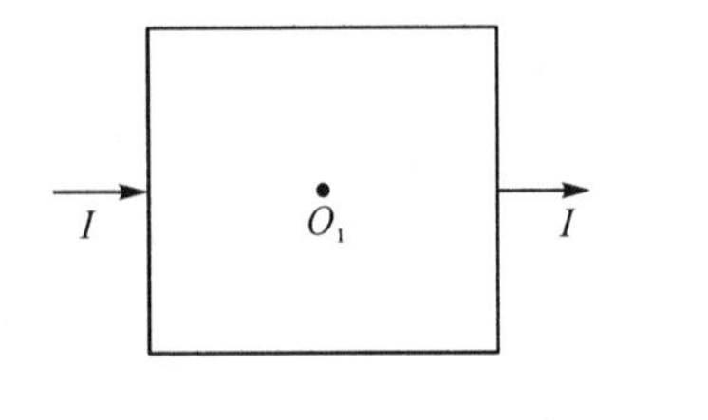

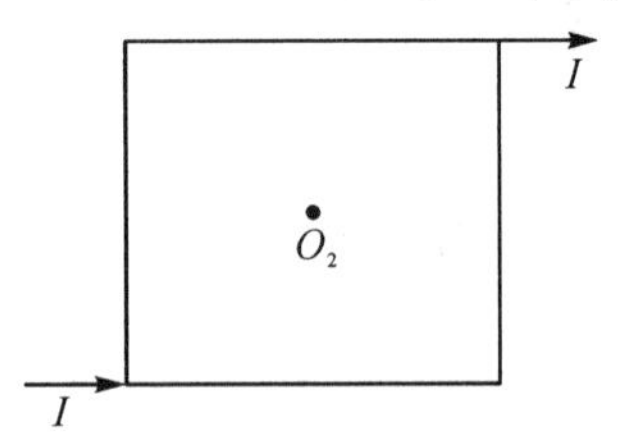

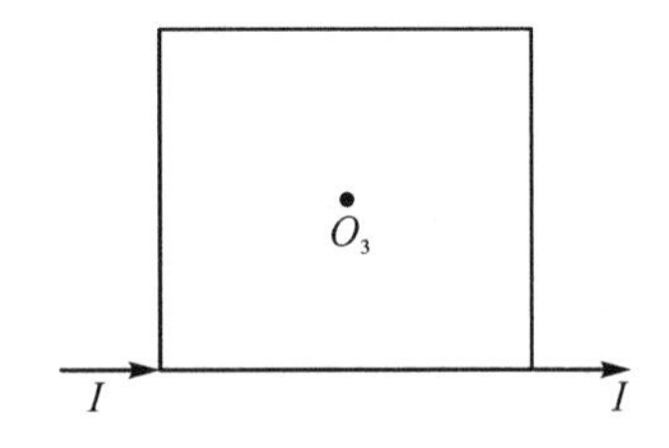

图 12－6　测试题 2 图

3．【判断题】在一条载流长直导线上的任何一点，由导线上的电流所产生的磁场强度为零。【　　】

4.【判断题】一段电流元 Idl 所产生的磁场的方向并不总是与 Idl 垂直。【　　】

5.【判断题】在电子仪器中，为了减弱与电源相连的两条导线所产生的磁场，通常总是把它们扭在一起。【　　】

三、研讨与实践

(1) 请通过文献检索，回答下面几个关于磁的问题：

① 人类发现磁现象、认识磁本质、应用磁效应的发展进程是怎样的？

② 物理学家们对磁性进行了深入研究，取得了哪些成果？

③ 磁性材料发展给人类的生活带来了哪些重大改变？

参考资料：韩秀峰. 磁性世界与人类生活[J]. 科学世界，2008(2)：1.

作者简介：韩秀峰，中国科学院物理研究所研究员，1993 年获吉林大学理学博士学位，1999～2000 年任日本东北大学日本学术振兴会海外特别研究员，2000 年 12 月入选中科院“百人计划”。主要研究方向为自旋电子学的材料、物理及器件原理研究。

(2) 请查阅文献，结合所学的电磁学知识，了解粒子加速器的相关知识。

【讨论 1】什么是粒子加速器？

【讨论 2】为什么要建粒子加速器？

【讨论 3】简述加速器的发展历程。

【讨论 4】加速器有哪些不属于核物理、高能物理研究的非核应用？

单元 13 稳恒磁场(2)

——磁通量、磁场的高斯定理、安培环路定理

一、知识要点

1. 磁通量

磁通量是指通过一个给定曲面的总磁感应线的条数，用 Φ_m 表示。

如图 13-1 所示，通过整个有限曲面 S 的磁通量 Φ_m 为

$$\Phi_m = \iint_S \boldsymbol{B} \cdot \mathrm{d}\boldsymbol{S} \tag{13-1}$$

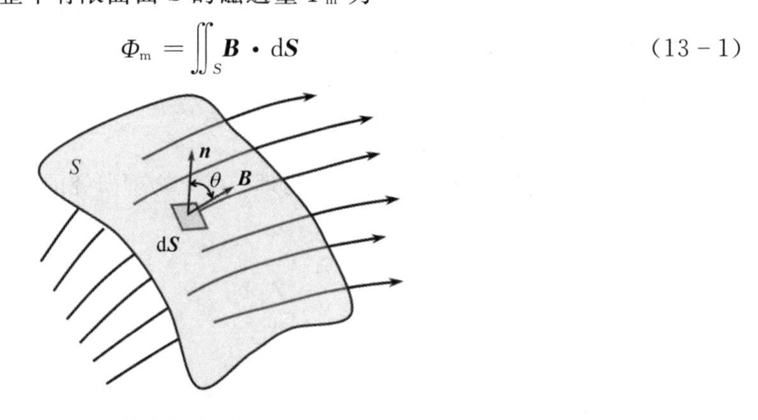

图 13-1　磁通量

在国际单位制中，磁通量的单位名称是韦伯，符号为 Wb(Weber)，1 Wb=1 T · m²。

2. 稳恒磁场的高斯定理

对于一个闭合曲面 S，穿入的磁感应线的总数必然等于穿出的磁感应线总数，即通过任一闭合曲面的磁通量总是零，即

$$\oiint_S \boldsymbol{B} \cdot \mathrm{d}\boldsymbol{S} = 0 \tag{13-2}$$

说明磁场是无源场，磁场的磁感应线是环绕电流的、无头无尾的闭合曲线。式(13-2)也说明自然界不存在分立的单个磁极(即磁单极子)。

3. 稳恒磁场的安培环路定理

在由恒定电流激发的磁场中，磁感应强度 $\boldsymbol{B}$ 沿任何闭合路径 L 的线积分($\boldsymbol{B}$ 的环流)等

于路径 L 所包围的电流强度的代数和的 μ_0 倍。

其数学表达式为

$$\oint_L \boldsymbol{B} \cdot \mathrm{d}\boldsymbol{l} = \mu_0 \sum_i I_i \tag{13-3}$$

式中：$\sum_i I_i$ 是闭合环路所包围电流的代数和。式(13-3)说明稳恒磁场是涡旋场，磁场没有保守性，它是非保守力场或无势场。

4. 几种典型的稳恒电流产生的磁场

(1) 无限长直均匀载流圆柱面。设圆柱面半径为 R，恒定电流 I 沿轴线方向流动，均匀分布在圆柱面上，考察的场点距柱面轴线距离为 r，则圆柱面内($r<R$)，$B=0$；圆柱面外($r>R$)，$B=\frac{\mu_0 I}{2\pi r}$。

(2) 无限长直均匀载流圆柱体。设圆柱体截面的半径为 R，恒定电流 I 沿轴线方向流动，并呈轴对称分布，考察的场点距柱面轴线距离为 r，则圆柱体内($r<R$)，$B=\frac{\mu_0 Ir}{2\pi R^2}$；圆柱体外($r>R$)，$B=\frac{\mu_0 I}{2\pi r}$。

(3) 载流无限长直螺线管内部的磁场 $B=\mu_0 nI$，外部磁场为 0。

二、测试题

1. 对于磁场中的高斯定理，以下说法正确的是【　　】。

A. 高斯定理只适用于封闭曲面中没有永磁体和电流的情况

B. 高斯定理只适用于封闭曲面中没有电流的情况

C. 高斯定理只适用于稳恒磁场

D. 高斯定理也适用于交变磁场

2. 一边长为 $l=2$ m 的立方体在坐标系的正方向放置，其中一个顶点与坐标系的原点重合。有一均匀磁场 $\boldsymbol{B}=(10\boldsymbol{i}+6\boldsymbol{j}+3\boldsymbol{k})$通过立方体所在区域，则通过立方体的总的磁通量为【　　】。

A. 0 Wb　　B. 40 Wb　　C. 24 Wb　　D. 12 Wb

3. 在地球北半球的某区域，磁感应强度的大小为 4×10^{-5} T，方向与铅直线成60°，则穿过面积为 1 m^2 的水平平面的磁通量为【　　】。

A. 0 Wb　　B. 4×10^{-5} Wb

C. 2×10^{-5} Wb　　D. 3.46×10^{-5} Wb

4.【判断题】磁场的高斯定理，说明磁场是发散式的场。【　　】

5.【判断题】磁场的高斯定理说明磁感应线应是无头无尾，且是恒闭合的。【　　】

6. 如图 13-2 所示，在一圆形电流 I 所在的平面内，选取一个同心圆形闭合回路 L，则由安培环路定理可知：【　　】。

A. $\oint_L \boldsymbol{B} \cdot \mathrm{d}\boldsymbol{l} = 0$ 且环路上任意一点 $B = 0$

B. $\oint_L \boldsymbol{B} \cdot \mathrm{d}\boldsymbol{l} = 0$ 且环路上任意一点 $B \neq 0$

C. $\oint_L \boldsymbol{B} \cdot \mathrm{d}\boldsymbol{l} \neq 0$ 且环路上任意一点 $B \neq 0$

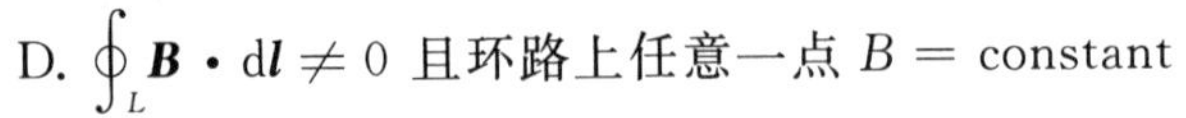

D. $\oint_L \boldsymbol{B} \cdot \mathrm{d}\boldsymbol{l} \neq 0$ 且环路上任意一点 $B = \text{constant}$

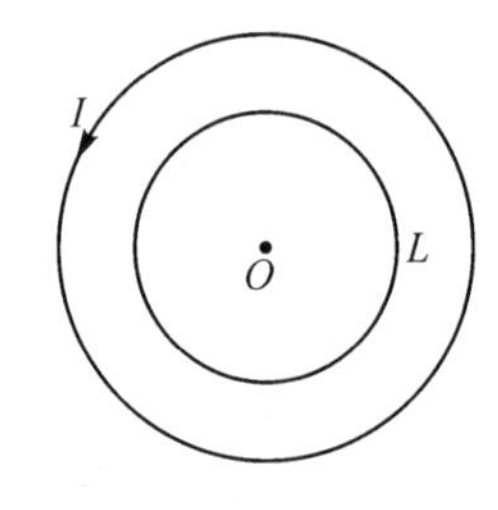

图 13-2　测试题 6 图

7. 设所讨论的空间处在稳恒磁场中，则对于安培环路定律的理解，正确的是【　　】。

A. 若 $\oint_L \boldsymbol{B} \cdot \mathrm{d}\boldsymbol{l} = 0$，则必定 L 上 $\boldsymbol{B}$ 处处为零

B. 若 $\oint_L \boldsymbol{B} \cdot \mathrm{d}\boldsymbol{l} = 0$，则必定 L 不包围电流

C. 若 $\oint_L \boldsymbol{B} \cdot \mathrm{d}\boldsymbol{l} = 0$，则 L 所包围电流的代数和为零

D. 回路 L 上各点 $\boldsymbol{B}$ 仅与所包围的电流有关

8. 如图 13-3 所示，两根长直导线通有电流 I，有三种环路，每种情况下 $\oint_L \boldsymbol{B} \cdot \mathrm{d}\boldsymbol{l}$ 等于：

____________________(对环路 a)；

____________________(对环路 b)；

____________________(对环路 c)。

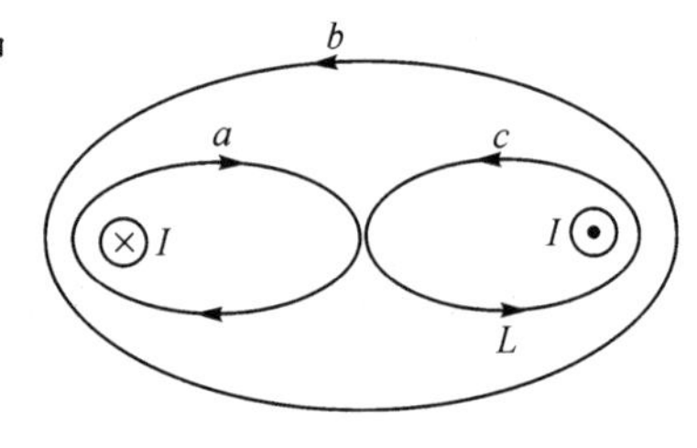

图 13-3　测试题 8 图

9.【判断题】只有当电流分布具有某种对称性时，才可用安培环路定理求解磁场问题。【　　】

10.【判断题】若闭合曲线当中没有包含电流，则说明闭合曲线中的磁感应强度处处为零。【　　】

三、研讨与实践

(1) 请通过文献检索并了解我国的稳态强磁场实验装置，回答下面的问题：

① 稳态强磁场是现代科学实验最重要的极端条件之一。请问，稳态强磁场能催生哪些重大发现？

② 2022 年 8 月 12 日，国家重大科技基础设施稳态强磁场实验装置实现重大突破，其混合磁体产生了 45.22 万高斯，即 45.22 特斯拉(T)的稳态磁场。由多位中国科学院院士、中国工程院院士组成的专家组鉴定认为，该成果达到国际领先水平。稳态强磁场实验装置作为新时代建成的“国之重器”，未来将继续发挥重要作用。请问，45.22T 稳态强磁场的实现具有哪些研究意义？

(2) 请查阅文献，结合所学的电磁学知识，了解电磁炮的种类及其工作原理；自制简易电磁炮，并设计实验定量测试其威力。

单元 14　稳恒磁场(3)

——带电粒子在电场和磁场中的运动、安培定律

一、知识要点

1. 带电粒子在电场和磁场中的运动

带电粒子(带电量为 q)在磁场 $\boldsymbol{B}$ 中运动时受到的磁场力 $\boldsymbol{F}_{m}$ 叫作洛伦兹力。

当带电粒子处在既有电场又有磁场的空间中时，其所受的力 $\boldsymbol{F}$ 为电场力 $\boldsymbol{F}_{e}$ 与洛伦兹力 $\boldsymbol{F}_{m}$ 之和，即

$$\boldsymbol{F}=\boldsymbol{F}_{e}+\boldsymbol{F}_{m}=q\boldsymbol{E}+q\boldsymbol{v}\times\boldsymbol{B} \tag{14-1}$$

2. 安培定律

在磁场中，电流元 $I\mathrm{d}\boldsymbol{l}$ 所受到的磁场的作用力 $\mathrm{d}\boldsymbol{F}$ 为

$$\mathrm{d}\boldsymbol{F}=I\mathrm{d}\boldsymbol{l}\times\boldsymbol{B} \tag{14-2}$$

式中：$\boldsymbol{B}$ 为电流元 $I\mathrm{d}\boldsymbol{l}$ 所在处的磁感应强度。式(14-2)称为安培定律。

载流导线受到的磁场的作用力通常称为安培力。有限长的一段通电导线 L 受到的安培力为

$$\boldsymbol{F}=\int\mathrm{d}\boldsymbol{F}=\int_{L}I\mathrm{d}\boldsymbol{l}\times\boldsymbol{B} \tag{14-3}$$

3. 磁力矩

载流线圈在磁场中受到的力矩称为磁力矩，可用矢量矢积表示为

$$\boldsymbol{M}=\boldsymbol{p}_{m}\times\boldsymbol{B} \tag{14-4}$$

式中：$\boldsymbol{p}_{m}=NIS\boldsymbol{n}$ 为载流线圈磁矩(如图 14-1 所示)，N 为载流线圈的匝数，I 为载流线圈的电流强度，$S=l_1l_2$ 为载流线圈面积；$\boldsymbol{B}$ 为外磁场。这个力矩的作用总是使 $\boldsymbol{p}_{m}$ 转向 $\boldsymbol{B}$。从磁通量的角度来看，载流线圈在磁场中转动的趋势总是要使通过线圈面积的磁通量增加。通过线圈的磁通量最大值的位置就是线圈的稳定平衡位置。

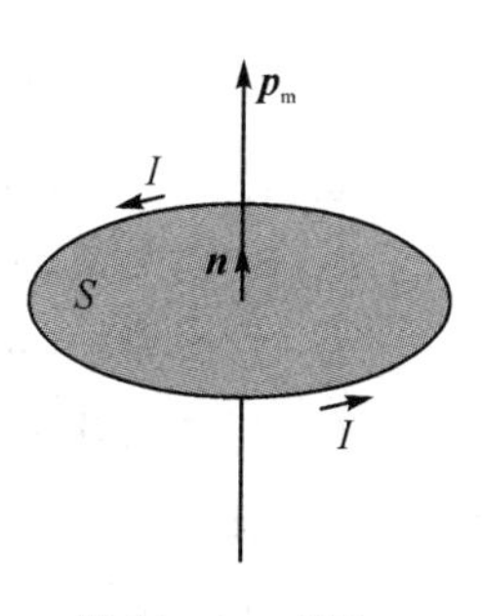

图 14-1　磁矩

4. 磁场力的功

当导体中的电流 I 保持不变时，磁场力或磁力矩所做的功都等于电流乘以磁通量的增量：

$$A=I\Delta\Phi_{m} \tag{14-5}$$

二、测试题

1. 如图 14-2 所示，导线框 $abcd$ 置于均匀磁场中($\boldsymbol{B}$ 的方向竖直向上)，线框可绕 AB 轴转动。导线通电时，转过 α 角后，达到稳定平衡，如果导线的密度变为原来的 1/2(导线是均匀的)，欲保持原来的稳定平衡位置(即 α 不变)，则可以采用下列哪一种办法？【　　】

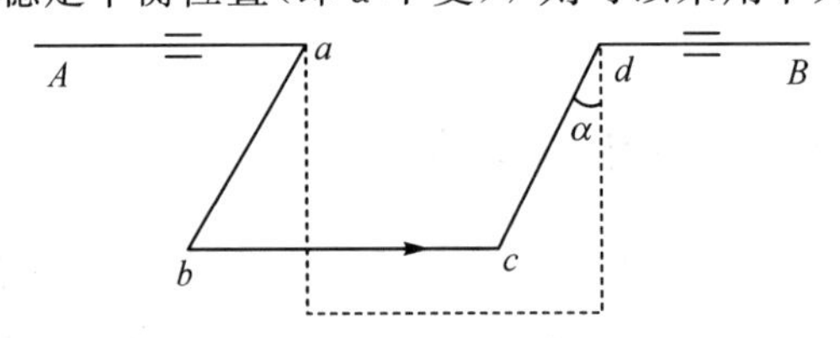

图 14-2　测试题 1 图

A. 将磁场 $\boldsymbol{B}$ 减为原来的 1/2 或将线框中的电流强度减为原来的 1/2

B. 将导线的 bc 部分长度减小为原来的 1/2

C. 将导线 ab 和 cd 部分长度减小为原来的 1/2

D. 将磁场 $\boldsymbol{B}$ 减少 1/4，线框中电流强度减少 1/4

2. 如图 14-3 所示，在磁感应强度 $\boldsymbol{B}$ 的均匀磁场中，有一圆形载流导线，a、b、c 是其上三个长度相等的电流元，则它们所受安培力大小的关系为【　　】。

A. $F_a>F_b>F_c$　　B. $F_a<F_b<F_c$

C. $F_b>F_c>F_a$　　D. $F_a>F_c>F_b$

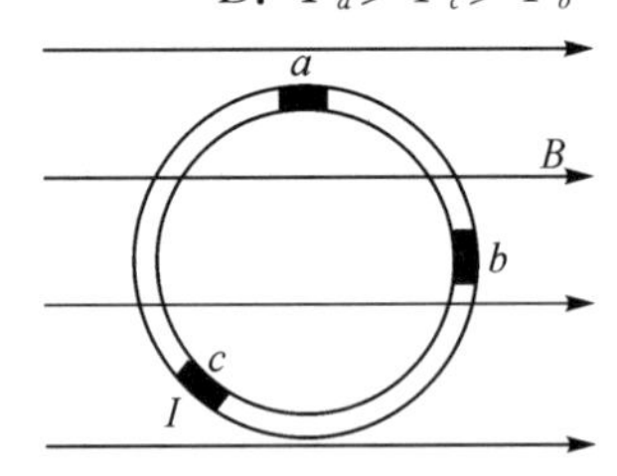

图 14-3　测试题 2 图

3. 设一平面载流线圈置于均匀磁场中，下列说法正确的是【　　】。

A. 只有当平面载流线圈为正方形时，外磁场的合力才为零

B. 只有当平面载流线圈为圆形时，外磁场的合力才为零

C. 任意形状的平面载流线圈，外磁场的合力和力矩一定为零

D. 任意形状的平面载流线圈，外磁场的合力一定为零，但力矩不一定为零

4. 设一半圆形载流线圈的半径为 R，载有电流 I，放在如图 14-4 所示的匀强磁场 $\boldsymbol{B}$ 中，线圈每边受到的安培力 $F_{ab}=$ ________，$F_{acb}=$ ________，线圈受到的合力 $\sum \boldsymbol{F}=$

________，线圈的磁矩 $P_m =$ ________，受到的磁力矩 $M =$ ________。

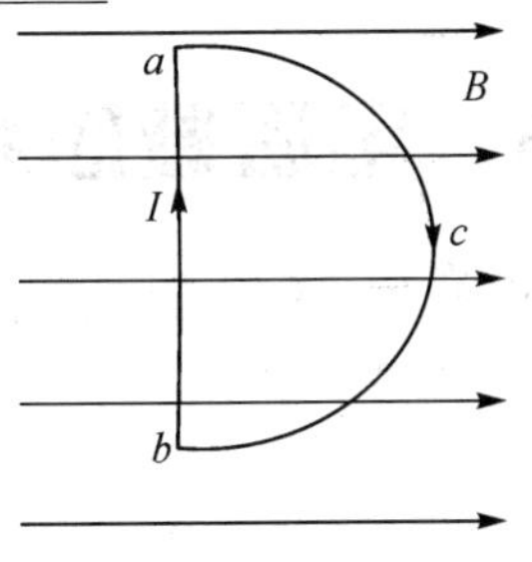

图 14-4　测试题 4 图

5.【判断题】在均匀磁场中，安培力公式 $\boldsymbol{F}=\int_L I\mathrm{d}\boldsymbol{l}\times\boldsymbol{B}$ 就可简化为 $\boldsymbol{F}=I\boldsymbol{L}\times\boldsymbol{B}$。【　　】

三、研讨与实践

1. 正负电子对撞机

正负电子对撞机是一个使正负电子产生对撞的设备，它可将各种粒子(如质子、电子等)加速到极高的能量，然后使粒子轰击一固定靶。通过研究高能粒子与靶中粒子碰撞时产生的各种反应研究其反应的性质，发现了新粒子、新现象，这是当今高能粒子物理量子力学的最前沿的科学。请通过文献检索、观看视频资料“科学重器之北京正负电子对撞机”，回答以下问题：

(1) 请阐述对撞机的工作原理及其结构设计。

(2) 学习中国科研人员在技术上的创新精神和敬业精神，写一份观后感。

(3) 著名物理学家杨振宁教授在微信公众号“知识分子”上发表了一篇文章《中国今天不宜建造超大对撞机》，反驳了著名数学家丘成桐此前发布的一篇文章《丘成桐：关于中国建设高能对撞机的几点意见并回答媒体的问题》，谈谈你对上述两种截然不同观点的看法。

2. 霍尔效应及其应用

真空中的电子束可能被磁场偏转，那么铜导线里面的漂移着的传导电子也可以被磁场偏转吗？1879 年，当时还在约翰·霍普金斯大学就读的 24 岁的研究生埃德温·H·霍尔(Edwin H Hall)对此进行了证明。霍尔效应使我们可以确定导体中的载流子是带正电荷还是带负电荷的；可以测量出单位体积导体中这种载流子的数目；可以利用霍尔效应直接测量载流子的漂移速率；可以制造出各种霍尔效应传感器。请围绕霍尔效应调研了解其应用及工作原理，并针对某一种霍尔传感器论述其设计思路和工作原理。

单元 15　电磁感应和电磁场(1)

——法拉第电磁感应定律、动生电动势

一、知识要点

1. 法拉第电磁感应定律

发生电磁感应现象时，导体回路中的电动势(E)与穿过闭合回路的磁通量(Φ)的变化率成正比，数学形式为

$$E=-\frac{d\Phi}{dt} \tag{15-1}$$

2. 楞次定律

感应电流产生的磁通量总是反抗原来磁通量的变化。

3. 动生电动势

一段任意形状的导线 L 在磁场中运动时，在导线两端 ab 的动生电动势：

$$E=\int_a^b (\boldsymbol{v}\times\boldsymbol{B})\cdot d\boldsymbol{l} \tag{15-2}$$

任意形状的闭合导体回路 L 在磁场中运动时，导体回路的动生电动势：

$$E=\oint_L (\boldsymbol{v}\times\boldsymbol{B})\cdot d\boldsymbol{l} \tag{15-3}$$

4. 自感

(1) 自感系数。

以通电线圈 L 为例，如图 15-1 所示，自感系数定义为

$$L=\frac{\Psi}{i} \tag{15-4}$$

式中：i 为回路电流强度；Ψ 为穿过回路总的磁通量。自感系数 L 与回路匝数、几何形状和大小及周围的磁介质有关，与回路中的电流无关(非铁磁介质)。

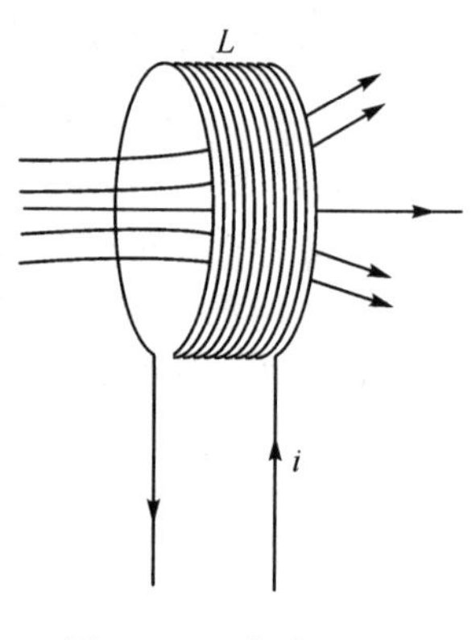

图 15-1　自感线圈

(2) 自感电动势。

自感电动势计算公式如下：

$$E_L=-L\frac{\mathrm{d}i}{\mathrm{d}t} \quad (15-5)$$

自感电动势总是和回路中电流的变化相反，回路中的自感具有保持原有电流不变的特性，自感系数 L 称为“电磁惯性”，而且电流变化速率越快，自感电动势越大。

5. 互感

(1) 互感系数。

如图 15-2 所示，线圈 L_1 和线圈 L_2，当其中一个线圈中的电流变化时，在另一个线圈中产生感应电动势，这种一个导体回路中的电流发生变化，在邻近导体回路内产生的感应电动势的现象称为互感现象。

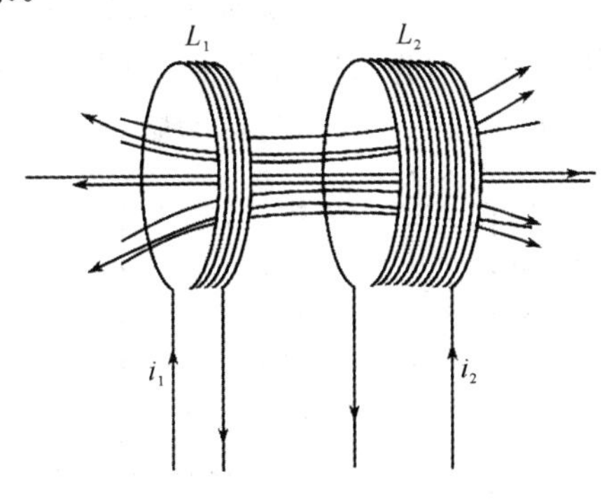

图 15-2 互感线圈

互感系数定义为

$$M=\frac{\Psi_{21}}{i_1}=\frac{\Psi_{12}}{i_2} \quad (15-6)$$

式中：i_1 为回路 1 的电流，该电流激发的磁场通过回路 2 的磁通量为 Ψ_{21}；i_2 为回路 2 的电流，该电流激发的磁场通过回路 1 的磁通量为 Ψ_{12}。互感系数与两个回路的匝数、几何形状和大小、周围的磁介质以及回路的相对位置有关，与回路中的电流无关(非铁磁介质)。

(2) 互感电动势。

互感电动势计算公式如下：

$$E_M=-M\frac{\mathrm{d}i}{\mathrm{d}t} \quad (15-7)$$

一个回路中的互感电动势总是反抗另外一个回路中电流的变化。

6. 磁场能量

(1) 自感磁能。

自感磁能计算公式如下：

$$W_{\mathrm{m}}=\frac{1}{2}LI^2 \quad (15-8)$$

（2）磁能密度。

磁能密度计算公式如下：

$$\mathscr{W}_m=\frac{1}{2\mu}B^2 \tag{15-9}$$

（3）磁场能量。

空间某一个区域 V 中的磁场能量为

$$W_m=\int_V \mathscr{W}_m \mathrm{d}V=\int_V \frac{1}{2\mu}B^2 \mathrm{d}V \tag{15-10}$$

二、测试题

1. 如图 15－3 所示，一长为 a，宽为 b 的矩形线圈放在磁场 $\boldsymbol{B}$ 中，磁场变化规律为 $B=B_0\sin\omega t$，线圈平面与磁场垂直，则线圈内感应电动势大小为【　　】。

A. 0　　B. $abB_0\sin\omega t$　　C. $ab\omega B_0\cos\omega t$　　D. $ab\omega B$

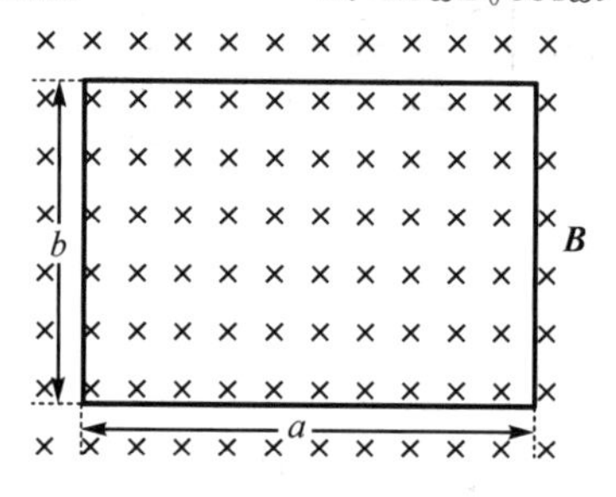

图 15－3　测试题 1 图

2. 如图 15－4 所示，两根无限长平行直导线通有大小相等，方向相反的电流 I，I 以 $\mathrm{d}I/\mathrm{d}t$ 的变化率增加，矩形线圈位于导线平面内，则【　　】。

A. 线圈中无感应电流　　B. 线圈中感应电流为顺时针方向

C. 线圈中感应电流为逆时针方向　　D. 线圈中感应电流方向不确定

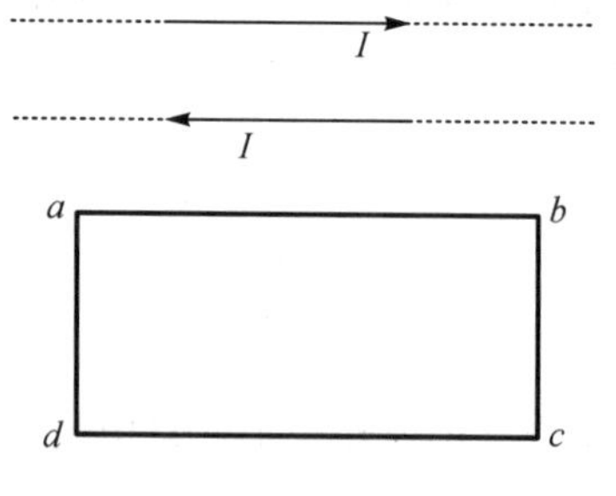

图 15－4　测试题 2 图

3. 【判断题】电动势等于单位正电荷沿闭合电路运动一周，电源内的静电场所做的功。【　　】

4. 【判断题】线圈中的磁通量变化越快，线圈中产生的感应电动势就越大。【　　】

5. 【判断题】法拉第电磁感应定律可以这样表述：闭合电路中的感应电动势的大小跟穿过这一闭合电路的磁通量的变化量成正比。【　　】

6. 如图 15－5 所示，M、N 为水平内的两根金属导轨，ab 和 cd 为垂直于导轨并可在其上自由滑动的两根裸导线，当外力使 ab 向右运动时，cd 则【　　】。

A. 不动　　B. 转动　　C. 向左移动　　D. 向右移动

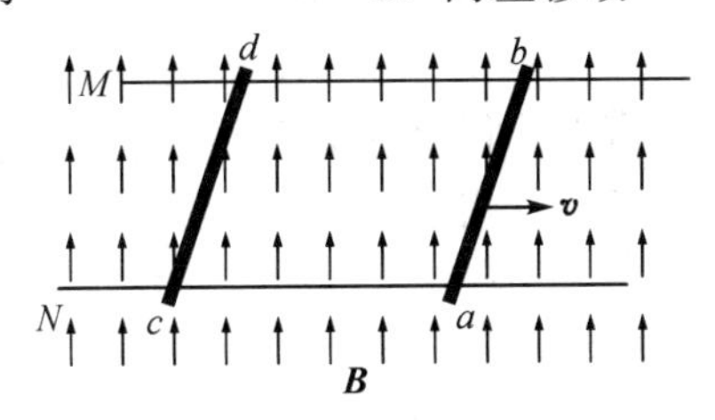

图 15－5　测试题 6 图

7. 如图 15－6 所示，矩形线圈 $abcd$ 左半边放在匀强磁场中，右半边在磁场外，当线圈以 ab 边为轴向纸外转过 60°的过程中，线圈中________产生感应电流(填会或不会)，原因是____。

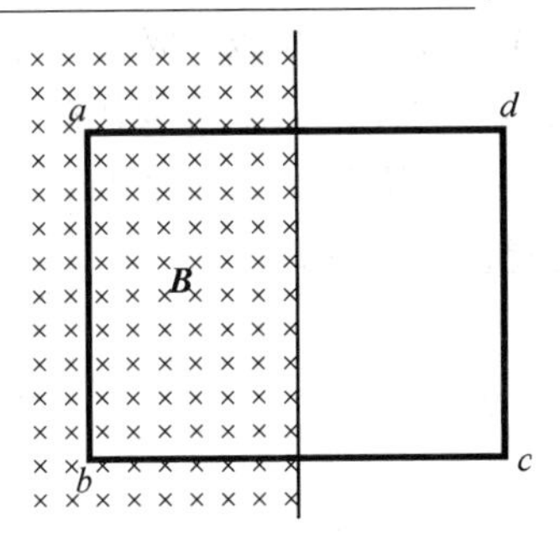

图 15－6　测试题 7 图

三、研讨与实践

1. 磁悬浮列车

磁悬浮列车基于磁极“同性相斥，异性相吸”的原理，利用永磁力、电磁力或超导磁力克服车辆重力的作用，使车辆和轨道相互间达到无机械接触式的平衡状态，并利用直线电机驱动控制列车的加减速。直线电机可以设想是一台旋转运动的感应电动机沿着半径方向剖开并展平而成的。直线电机中的线圈铺设在导轨内侧，并通入一个三相交流电，使导轨与列车车体之间的空隙中产生变化的磁场。应用电磁感应定律，列车上装载的磁体会产生感应电流，并产生与原有磁场相反的磁场，最终在导轨与列车之间产生动力，使列车沿导轨前进。列车上的磁体随列车运动，使设在导轨上的线圈(或金属板)中产生感应电流，感应电流的磁场和列车上的磁体之间的电磁力将列车悬浮起来。

列车需要减速时，列车上的磁铁极性将以一定的速度交替地通过导轨内侧的线圈，在线圈内产生感应电流，由楞次定律可知，这些感应电流的磁通量反抗通过其中的磁铁磁通量的变化，于是产生了完全相反的电磁阻力。

2021年7月20日，由中国中车承担研制、具有完全自主知识产权的时速600公里高速磁浮交通系统在青岛成功下线。这是世界首套设计时速达600公里的高速磁浮交通系统，标志着我国掌握了高速磁浮成套技术和工程化能力。

请问：

(1) 磁悬浮列车与高铁相比有哪些优点和缺点？

(2) 我国磁悬浮技术的发展近况如何？

2. 同步辐射

同步辐射是指接近光速运动的带电粒子在做曲线运动时沿切线方向发出的电磁辐射。由于这种辐射是1947年在电子同步加速器上观测到的，因而被命名为“同步辐射”。发射这种辐射的专用回旋加速器叫作“同步辐射光源”。同步辐射光源以其特有的高亮度、高准直性、良好的相干特性，以及从远红外到硬X射线范围的连续光谱等性质，被广泛用于生命科学、环境科学、凝聚态物理和材料科学等领域，成为当今世界上能同时用于基础科学研究、应用研究和高技术产品开发的一种先进的不可替代的光源。

请观看相关视频，查阅文献，结合所学的电磁学知识，了解同步辐射光源的原理及其应用，以及我国同步辐射装置的建设和发展近况。

单元 16　电磁感应和电磁场(2)

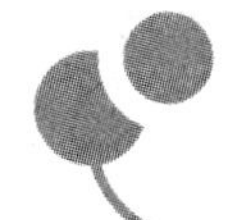

——感生电场、电磁场理论

一、知识要点

1. 感生电场

麦克斯韦认为，无论有无导体或导体回路，变化的磁场将在其周围空间产生感生电场，换句话说，变化磁场激发的感生电场与导体回路存在与否无关。感生电场是非静电场，其电场线无头无尾，具有闭合性。

2. 感生电动势

感生电动势的计算公式如下：

$$E=\oint_L \boldsymbol{E}_i \cdot \mathrm{d}\boldsymbol{l}=-\frac{\mathrm{d}\Phi}{\mathrm{d}t}$$

感生电场沿闭合路径的积分等于穿过该回路磁通量变化率的负值，这也说明了变化的磁场产生了电场，将磁场的变化和电场联系了起来。

3. 位移电流

位移电流等于极板之间电位移通量的变化率，其计算公式如下：

$$I_D=\frac{\mathrm{d}\Phi_D}{\mathrm{d}t}$$

传导电流和位移电流的代数和称为全电流。

4. 麦克斯韦方程组

麦克斯韦方程组的积分形式如下：

$$
\begin{cases}
\oint_S \boldsymbol{E} \cdot d\boldsymbol{S} = \dfrac{1}{\varepsilon_0}\oint_V \rho dV \\
\oint_L \boldsymbol{E} \cdot d\boldsymbol{l} = -\int_S \dfrac{\partial \boldsymbol{B}}{\partial t} \cdot d\boldsymbol{S} \\
\oint_S \boldsymbol{B} \cdot d\boldsymbol{S} \equiv 0 \\
\oint_L \boldsymbol{B} \cdot d\boldsymbol{l} = \mu_0 \int_S \left(\boldsymbol{j}_c + \varepsilon_0 \dfrac{\partial \boldsymbol{E}}{\partial t}\right) \cdot d\boldsymbol{S}
\end{cases}
$$

二、测试题

1.【判断题】无论用什么方法，只要穿过闭合电路的磁感线条数发生了变化，就一定会有感应电流。【 】

2.【判断题】不管电路是否闭合，只要穿过电路的磁通量发生变化，电路中就有感应电动势。【 】

3.【判断题】位移电流和传导电流一样，会在其周围激发磁场。【 】

4. 在感应电场中电磁感应定律可写成 $\oint_L \boldsymbol{E}_k \cdot d\boldsymbol{L} = -\dfrac{d\Psi}{dt}$，式中 $\boldsymbol{E}_k$ 为感应电场的电场强度。此式表明：【 】。

A. 闭合曲线 L 上，$\boldsymbol{E}_k$ 处处相等

B. 感应电场是保守力场

C. 感应电场的电力线不是闭合曲线

D. 在感应电场中不能像对静电场那样引入电势的概念

三、研讨与实践

1. 无线充电技术

阅读以下材料，并查阅相关文献，了解无线充电技术发展近况和我国在此领域取得的最新成果。

(1) 无线充电作为未来充电技术的发展方向，在智能手机、可穿戴设备、物联网以及电动汽车等方面具有广阔的应用前景。传统有线充电具有稳定的直流电压，而无线充电首先需要对交流输出电压进行整流和稳压。由于经过多级功率处理，充电效率大大降低，并且严重限制了充电功率。

2020 年，中国科学技术大学国家示范性微电子学院教授程林联合香港科技大学教授暨永雄课题组在无线充电芯片设计领域取得了新进展。针对无线充电芯片设计领域提高转换效率和降低成本的研究热点，研究者提出了一种用于谐振无线功率传输的新型无线充电芯片架构。所提出的架构通过在单个功率级中实现整流、稳压和恒流-恒压充电而实现了高效

率和低成本，为今后无线充电芯片的设计提供了一个高效的解决方案。

（2）随着物联网技术的发展，物联网设备的电量供给成为制约物联网发展的障碍之一。物联网设备的电池容量和供电之间的矛盾也愈加显著。因此，为物联网设备提供随时随地无线能量传输的技术受到了研究者的广泛关注。

现有的无线能量传输技术主要有两种：近场无线能量传输与远场无线能量传输。近场无线能量传输技术主要有磁感应和磁共振。远场无线能量传输技术主要有射频、超声波、激光等。但是由于技术限制，现有的无线传能技术均无法同时实现安全、远距离、高功率的无线能量传输。

中国科学院上海光学精密机械研究所强场激光物理国家重点实验室与同济大学电子与信息工程学院研究人员合作，首次提出了一种基于全固态激光器的谐振光束实现无线充电的新方案，该方案可实现 2 瓦电功率、2.6 米无线能量传输。通过进一步提升谐振腔的可移动性，该技术有望广泛应用于手机等电子器件的远程无线充电中。相关成果发表于《物联网杂志》(*IEEE INTERNET OF THINGS JOURNAL*)。

（3）国家标准化管理委员会公告发布的电动汽车无线充电系统 4 项国家标准于 2020 年 11 月 1 日实施。电动汽车无线充电为无人驾驶提供了无限憧憬。无线充电技术将电能无线输送到汽车，使搭载无线充电系统的电动汽车在能源网和车联网之间架起桥梁，为促进电动汽车无线充电产业化进程，发挥标准的引领作用。相比于传统充电技术，无线充电技术具备可靠性高、安全性高、空间利用率高、单位投资效益高、建设时间短、使用与管理便捷等优势。请观看视频“无线充电 无限未来——了解电动汽车无线充电”(视频网址：https://www.kepuchina.cn/article/articleinfo?business_type=100&classify=2&ar_id=62985#comment)。

2. 电磁感应式无线充电

了解电磁感应式无线充电原理，设计一个与电磁感应有关的演示实验。

无线充电原理是通过近场感应，由无线充电设备将能量传导到充电终端设备，终端设备再将接收到的能量转化为电能存储在设备的电池中。能量的传导采用的原理是电感耦合，可以保证无外露的导电接口。目前，按照无线充电的形式，主要有电磁感应式、磁场共振式、无线电波式、电场耦合式。电磁感应式无线充电是目前最为常见的无线充电解决方案，该装置的基本构件是初级线圈和次级线圈。初级线圈安放在无线充电座上，次级线圈安放在用户设备内，如手机、电动汽车、电动牙刷等。两线圈靠近以后，初级线圈(发射线圈)通过一定频率的交流电，由于电磁感应，在次级线圈(接收线圈)中产生感应电流，从而将电能从发射端转移到接收端。

为了演示电磁感应式无线充电，我们可以用电池(直流电源)、直流电机(将直流电流变为交变电流)、导线、线圈、小灯泡，设计一个隔空点亮小灯泡的实验。还有哪些实验可以演示电磁感应现象呢？

单元 17 简谐振动

一、知识要点

1. 简谐振动的描述

简谐振动的运动方程为

$$x=A\cos(\omega t+\varphi) \tag{17-1}$$

由上式可知描述简谐振动的三要素：振幅 A、角频率 ω 和初相位 φ。简谐振动的角频率和周期只和物体(或振动系统)本身的物理性质有关，并满足关系式

$$T=\frac{2\pi}{\omega}=2\pi v \tag{17-2}$$

质点振动的速度表达式为

$$v=\frac{\mathrm{d}x}{\mathrm{d}t}=-\omega A\sin(\omega t+\varphi)=-v_{\max}\sin(\omega t+\varphi) \tag{17-3}$$

质点振动的加速度表达式为

$$a=\frac{\mathrm{d}^2x}{\mathrm{d}t^2}=-\omega^2A\cos(\omega t+\varphi)=-a_{\max}\cos(\omega t+\varphi) \tag{17-4}$$

式中：$v_{\max}=\omega A$，$a_{\max}=\omega^2A$，分别为速度和加速度的最大值。

2. 简谐振动中能量的变化

根据动能和势能的定义，可以得到系统的动能 E_k 和弹性势能 E_p：

$$E_k=\frac{1}{2}mv^2=\frac{1}{2}mA^2\omega^2\sin^2(\omega t+\varphi) \tag{17-5}$$

$$E_p=\frac{1}{2}kx^2=\frac{1}{2}kA^2\cos^2(\omega t+\varphi) \tag{17-6}$$

对于弹簧振子 $\omega^2=\frac{k}{m}$，则总的机械能为

$$E=E_k+E_p=\frac{1}{2}kA^2 \tag{17-7}$$

3. 振动的合成

1）同方向、同频率的两个简谐振动叠加

假设物体参与两个同方向、同频率的简谐振动，则这两个简谐振动可以表示为

$$\begin{cases} x_1 = A_1\cos(\omega t + \varphi_{10}) \\ x_2 = A_2\cos(\omega t + \varphi_{20}) \end{cases} \tag{17-8}$$

如图 17-1 所示，利用旋转矢量图法分析，$\boldsymbol{A}_1$、$\boldsymbol{A}_2$ 两矢量的角频率相同，所以合矢量 $\boldsymbol{A}$ 的角频率也和它们相同，三个矢量以相同的角速度一起旋转。由于 $\boldsymbol{A}_1$、$\boldsymbol{A}_2$ 两矢量的夹角保持不变，长度也不变，所以 $\boldsymbol{A}$ 的长度也不变。故合振动矢量依然做同频率的简谐振动，振动方程为

$$x = x_1 + x_2 = A\cos(\omega t + \varphi_0) \tag{17-9}$$

根据三角公式可得

$$A = \sqrt{A_1^2 + A_2^2 + 2A_1A_2\cos(\varphi_{10} - \varphi_{20})} \tag{17-10}$$

$$\tan\varphi_0 = \frac{A_1\sin\varphi_{10} + A_2\sin\varphi_{20}}{A_1\cos\varphi_{10} + A_2\cos\varphi_{20}}$$

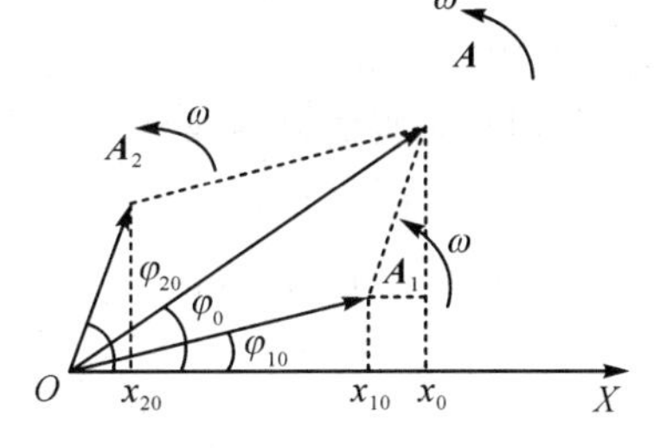

图 17-1　旋转矢量图

从式(17-10)可以看出，合振动的振幅与原来的两个简谐振动振幅、相位差有关。

(1) 当 $\varphi_{20} - \varphi_{10} = 2k\pi(k = 0, \pm 1, \pm 2, \cdots)$时，合振幅最大，振动互相加强，即

$$A_{\max} = \sqrt{A_1^2 + A_2^2 + 2A_1A_2} = A_1 + A_2 \tag{17-11}$$

(2) 当 $\varphi_{20} - \varphi_{10} = (2k+1)\pi\ (k = 0, \pm 1, \pm 2, \cdots)$时，合振幅最小，振动互相减弱，即

$$A_{\min} = \sqrt{A_1^2 + A_2^2 - 2A_1A_2} = |A_1 - A_2| \tag{17-12}$$

(3) 在一般情况下，相位差$(\varphi_{20} - \varphi_{10})$可取(1)和(2)外的任意值，而合振动的振幅则介于$(A_2 + A_1)$和$|A_2 - A_1|$二者之间。

2) 同方向、频率略有差异的两个简谐振动叠加

假设物体参与同向、同幅、频率略有差异的两个简谐振动，这两个简谐振动可表示为

$$\begin{cases} x_1 = A\cos(\omega_1 t + \varphi_{10}) \\ x_2 = A\cos(\omega_2 t + \varphi_{20}) \end{cases} \tag{17-13}$$

由三角公式可得合振动方程为

$$x = x_1 + x_2 = 2A\underbrace{\cos\left(\frac{\omega_1 - \omega_2}{2}t + \frac{\varphi_{10} - \varphi_{20}}{2}\right)}_{\text{第 I 项}}\underbrace{\cos\left(\frac{\omega_1 + \omega_2}{2}t + \frac{\varphi_{10} + \varphi_{20}}{2}\right)}_{\text{第 II 项}} \tag{17-14}$$

若 ω_1、ω_2 极为相近，使得$|\omega_1 - \omega_2| \ll \omega_1 + \omega_2$，则第 I 项随 t 的变化要比第 II 项缓慢得多。下式表示了合振动的振幅：

$$A' = \left|2A\cos\left(\frac{\omega_1 - \omega_2}{2}t + \frac{\omega_{10} - \omega_{20}}{2}\right)\right|$$

故合振动可以看作是振幅 A'随 t 缓慢变化的、频率为$(\omega_1 + \omega_2)/2$ 的"准简谐振动"。振幅时

强时弱，如图 17 - 2 所示。这种现象称为拍。

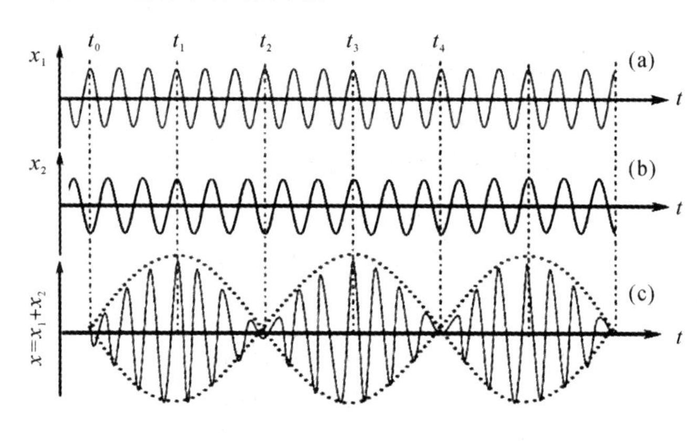

图 17 - 2　拍

3）相互垂直的两个简谐振动叠加

物体参与两个同频、振动方向相互垂直的简谐振动，振动方程为

$$\begin{cases} x=A_1\cos(\omega t+\varphi_{10}) \\ y=A_2\cos(\omega t+\varphi_{20}) \end{cases} \tag{17-15}$$

合振动的轨迹方程为

$$\frac{x^2}{A_1^2}+\frac{y^2}{A_2^2}-\frac{2xy}{A_1A_2}\cos(\varphi_{20}-\varphi_{10})=\sin^2(\varphi_{20}-\varphi_{10}) \tag{17-16}$$

由此可见，物体运动的轨迹与相位差是紧密联系的。下面以几种特殊的相位差条件为例：

（1）当 $\varphi_{20}-\varphi_{10}=0$ 时，轨迹方程为

$$\frac{x}{A_1}=\frac{y}{A_2}$$

表示物体沿着一、三象限中过原点的一条直线振动。

（2）当 $\varphi_{20}-\varphi_{10}=\pm\pi$，轨迹方程为

$$\frac{x}{A_1}=-\frac{y}{A_2}$$

表示物体沿着二、四象限中过原点的一条直线振动。

（3）当相位差 $\varphi_{20}-\varphi_{10}=\pm\frac{\pi}{2}$，轨迹方程为

$$\frac{x^2}{A_1^2}+\frac{y^2}{A_2^2}=1$$

表示物体的运动轨迹是一个椭圆，如图 17 - 3 所示。

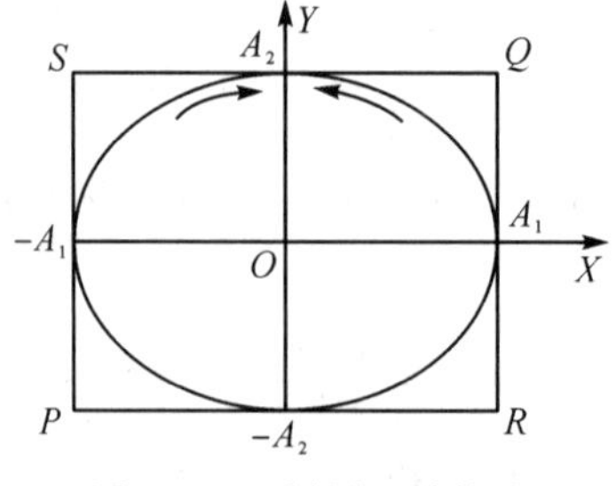

图 17 - 3　椭圆运动轨迹

(4) 当相位差 $\varphi_{20}-\varphi_{10}$ 为其他值时，相应的轨迹方程依然为椭圆。但随着相位差的变化。物体的运动方向在改变。若 $0<\varphi_{20}-\varphi_{10}<\pi$，则物体在轨道上沿着顺时针方向运动；若 $\pi<\varphi_{20}-\varphi_{10}<2\pi$，则物体的运动是逆时针的。

二、测试题

1. 设一个物体正在做简谐振动，下面哪种说法是正确的？【　　】

A. 物体处在运动正方向的端点时，速度和加速度都达到最大值

B. 物体位于平衡位置且向负方向运动时，速度和加速度都为零

C. 物体位于平衡位置且向正方向运动时，速度最大，加速度为零

D. 物体处在负方向的端点时，速度最大，加速度为零

2. 一沿 x 轴做简谐振动的弹簧振子，振幅为 A，周期为 T，振动方程用余弦函数表示，如果该振子的初相为 $\frac{4}{3}\pi$，则 $t=0$ 时，质点的位置在【　　】。

A. 过 $x=\frac{1}{2}A$ 处，向负方向运动

B. 过 $x=\frac{1}{2}A$ 处，向正方向运动

C. 过 $x=-\frac{1}{2}A$ 处，向负方向运动

D. 过 $x=-\frac{1}{2}A$ 处，向正方向运动

3. 一谐振子做振幅为 A 的谐振动，它的动能与势能相等时，它的相位和坐标分别为【　　】。

A. $\pm\frac{\pi}{3}$，$\pm\frac{2}{3}\pi$，$\pm\frac{1}{2}A$　　　　B. $\pm\frac{\pi}{6}$，$\pm\frac{5}{6}\pi$，$\pm\frac{\sqrt{3}}{2}A$

C. $\pm\frac{\pi}{4}$，$\pm\frac{3}{4}\pi$，$\pm\frac{\sqrt{2}}{2}A$　　　　D. $\pm\frac{\pi}{3}$，$\pm\frac{2}{3}\pi$，$\pm\frac{\sqrt{3}}{2}A$

4. 一质点沿 x 轴做简谐振动，振动方程为 $x=0.04\cos\left(2\pi t+\frac{1}{3}\pi\right)$，从 $t=0$ 时刻起，到质点位置在 $x=-0.02$ m 处，且向 x 轴正方向运动的最短时间间隔为【　　】。

A. 1/8 s　　B. 1/6 s　　C. 1/4 s　　D. 1/2 s

三、研讨与实践

1. 阅读材料——共振

2020 年 5 月 5 日 15 时 32 分左右，广东虎门大桥发生了异常抖动，直至 6 日中午，约

20 个小时内大桥多次发生抖动现象。大桥究竟为什么会发生抖动呢？后经工程技术人员研究发现，这次桥梁抖动的主要原因是桥面检修时，工人沿护栏立柱摆放的水马堵塞了护栏立柱透风孔，改变了桥梁的抗风外形，进而产生了涡振。水马拆除后，加上当晚风速降低，涡振已明显减轻。

虎门大桥发生“涡振”现象是由“卡门涡街”效应造成的。那么什么是涡振？涡振又是如何引发桥梁的震颤的呢？涡振是涡激振动的简称。气流在绕过钝体结构时产生卡门涡街，会发生周期性的旋涡脱落，产生交替变化的涡激力，作用在建筑物等结构上使之发生弹性振动。空气动力理论指出，涡街频率与钝体截面形状有关，且对钝体表面的突起物十分敏感。旋涡脱落的频率与风速、钝体结构、形状有关。当脱落频率接近结构自有频率时，旋涡脱落和结构振动互相锁定，就形成了共振现象。那么卡门涡街又是什么？什么是共振呢？

1）卡门涡街

1911 年，德国科学家冯·卡门[①]发现并提出了卡门涡街的概念，指出涡街是指流体（气体或液体）在一定条件下流淌遇到钝体发生绕行后，会在钝体后方两侧出现周期性旋转的、旋转方向相反、排列规则的双列旋涡的现象，如图 17－4 所示。

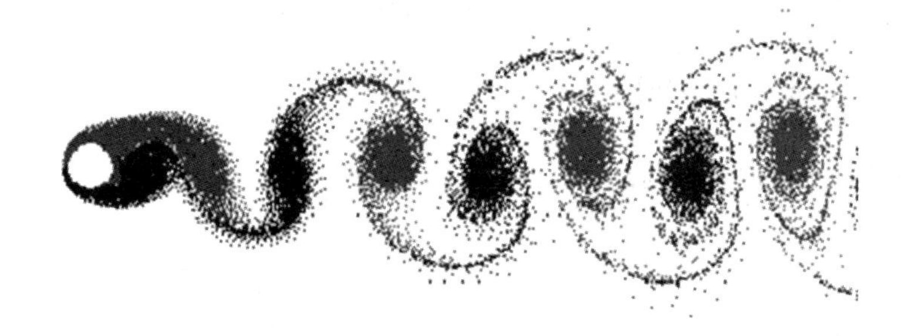

图 17－4　卡门涡街

2）共振

物体有自身的振动频率，当作用在物体上的外界频率与物体振动频率相等或接近时，会发生共振现象。这一特殊频率就是物体的共振频率。理论和实验研究表明，物体发生共振时振幅会趋于一个很大的值，共振幅度足够大时会使物体结构受到损伤。

虎门大桥就是因为当天出现的特定风环境，以及大桥桥面上放置了水马，改变了钢箱梁截面的空气动力性态，所以，在桥的箱体主梁下游方形成了卡门涡街，这个涡街的振动频率刚好跟桥本身的自有频率接近，产生了涡振现象。

2010 年 5 月 19 日晚，俄罗斯莫斯科的伏尔加河大桥就发生了涡振现象。整个桥体摆动剧烈，呈波浪形翻滚，还出现了较为明显的左右晃动。但是，当大桥停止振动后，专家对桥梁进行了全面检查，发现桥梁无裂纹、无损伤。日本东京湾通道桥也发生过类似的振动，当时主桥在 16～17 m/s 的风速下发生了竖向涡振现象，跨中振幅达到 50 cm。

1940 年美国著名的塔科马大桥垮塌事件，是风致桥梁破坏的例子。但需要指出的是，塔科马大桥倒塌的原因是颤振而非涡振。颤振是风速较高时发生的发散性自激振动，对桥梁安全威胁巨大。塔科马大桥事件以后，直到 1960 年，科学家们才研究清楚空气动力学效应对桥梁安全的影响，规定所有的大型桥梁、建筑等都要进行抗共振能力检测。自此之后，

① 冯·卡门是著名的空气动力学家，是著名的火箭之父钱学森的老师。

土木工程界形成了建筑标准来避免共振。

桥梁发生颤振有一个临界风速，当风速低于此临界值时不会发生破坏性的颤振现象。虎门大桥的颤振临界风速为 79 m/s，它相当于 18 级大风。显然，这样大的风速在实际生活中是不会出现的。虎门大桥遇到的涡振现象虽然不会像颤振那样引起桥梁毁灭性的破坏，但频繁持续的振动可能会引起相关结构的疲劳损伤，同时造成行人和车辆的不适，所以避免涡振也是桥梁抗风设计的重点之一。

【讨论 1】什么是共振？为什么共振时，物体或结构的振动振幅会达到一个很大值？

【讨论 2】什么是卡门涡街？

【讨论 3】桥梁如何避免涡振？

2. 阅读材料——阻尼器

为桥梁或高层建筑加装金属阻尼器、摩擦阻尼器和黏滞阻尼器等能有效起到防震、吸收与消耗地震力的作用，当建筑物受到冲击时，可以使其受到的影响降到最低，因此阻尼器是建筑物上的重要装置。此外，类似的减震装置也会用在车厢、火车车厢、精密仪器的工作减震台上。

【讨论】若阻尼器的核心可以看作是弹簧，那么其工作原理是怎样的？尝试分析并建立其数学模型。

3. 防振锤

高压输电线为避免风力作用下产生的微风振动，会使用防振锤来消除振动。尝试分析防振锤的工作原理。

【讨论 1】高压输电线为何会在风力作用下产生振动？振动频率和什么因素有关？

【讨论 2】防振锤的消振原理是怎样的？

单元 18　机械波(1)

——简谐波、波动方程

一、知识要点

1. 简谐波及其运动状态

机械波形成的两个必要条件：振源和传播振动的介质。

波是振动在介质中的传播。波源和介质中各质元都做简谐振动的波称为简谐波。波面是平面的简谐波称为平面简谐波。同一波面上任何质点的振动状态都相同，因而可用某一波线上各质点的振动情况代表着整个平面波的情况。

设沿 X 轴正向是波线方向，x 表示质点所在处的位置坐标，y 表示质点的位移，则沿 X 轴正向传播的平面简谐波的波动方程为

$$y(x,t)=A\cos\left[\frac{2\pi}{T}\left(t-\frac{x-x_0}{u}\right)+\varphi\right] \tag{18-1}$$

若波沿 X 轴负方向传播，波动方程为

$$y(x,t)=A\cos\left[\frac{2\pi}{T}\left(t+\frac{x-x_0}{u}\right)+\varphi\right] \tag{18-2}$$

式中：φ 为初相；T 为周期；λ 为波长；$u=\lambda/T$ 为波速，又称相速度，代表振动状态或相位的传播速度。

质点的振动速度为 $v=\dfrac{\mathrm{d}y}{\mathrm{d}t}$，与波速 $u=\dfrac{\mathrm{d}x}{\mathrm{d}t}$是不同的两个概念，在各向同性的均匀介质中，质点的振动速度是不断变化的，而波速的大小却保持不变。

y 对 t 和 x 求二阶偏导数可得到

$$\frac{\partial^2 y}{\partial x^2}=\frac{1}{u^2}\frac{\partial^2 y}{\partial t^2} \tag{18-3}$$

y 是空间位置和时间的函数。理论和实验研究表明，任何物理量，只要满足式(18－3)这个方程(一维或三维)，这一物理量就具有波动特征。波的传播速度可以由波动方程的系数求得。固体中横波和纵波速度分别为

$$u_{横}=\sqrt{\frac{G}{\rho}}，u_{纵}=\sqrt{\frac{Y}{\rho}}$$

式中：G 为介质的切变弹性模量；Y 为介质的杨氏模量；ρ 是介质的密度。

2. 简谐波中质点振动的速度和加速度

机械波传输过程中，坐标 x 处的质点振动的速度 v 和加速度 a 分别为

$$v=\frac{\partial y}{\partial t}=-\frac{2\pi A}{T}\sin\left[\frac{2\pi}{T}\left(t+\frac{x-x_0}{u}\right)+\varphi\right] \tag{18-4}$$

$$a=\frac{\partial^2 y}{\partial t^2}=-\left(\frac{2\pi}{T}\right)^2 A\cos\left[\frac{2\pi}{T}\left(t+\frac{x-x_0}{u}\right)+\varphi\right] \tag{18-5}$$

二、测试题

1. 频率为 100 Hz，传播速度为 300 m/s 的平面简谐波，波线上两点振动的相位差为 $\frac{\pi}{3}$，则此两点相距【　　】。

A. 2.86 m　　B. 2.19 m　　C. 0.5 m　　D. 0.25 m

2. 一平面简谐波的表达式为 $y=A\cos2\pi\left(\nu t-\frac{x}{\lambda}\right)$，$t=\frac{1}{\nu}$时刻 $x_1=\frac{3}{4}\lambda$ 与 $x_2=\frac{1}{4}\lambda$ 二点处质元速度大小之比是【　　】。

A. -1　　B. $\frac{1}{3}$　　C. 1　　D. 3

3. 一平面简谐波，其振幅为 A，频率为 ν，波沿 x 轴正方向传播，设 $t=t_0$ 时刻的波形如图 18-1 所示，则 $x=0$ 处质点振动方程为【　　】。

A. $y=A\cos\left[2\pi\nu(t+t_0)+\frac{\pi}{2}\right]$　　B. $y=A\cos\left[2\pi\nu(t-t_0)+\frac{\pi}{2}\right]$

C. $y=A\cos\left[2\pi\nu(t-t_0)-\frac{\pi}{2}\right]$　　D. $y=A\cos[2\pi\nu(t-t_0)+\pi]$

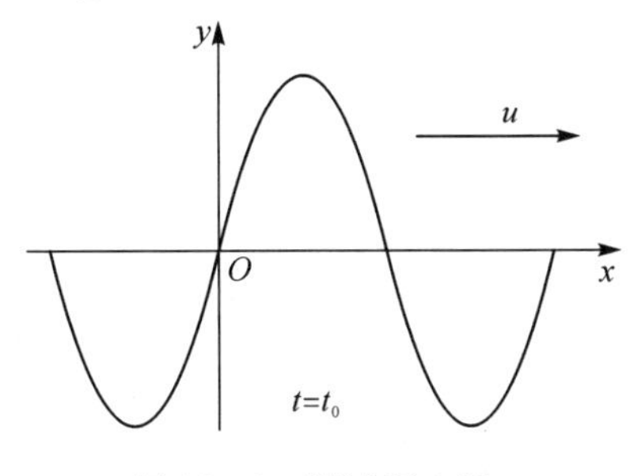

图 18-1　测试题 3 图

4. 在平面简谐波传播过程中，沿传播方向相距 $\lambda/2$ 的两个点的振动速度必定【　　】。

A. 大小相同，方向相反

B. 大小方向均相同

C. 大小不相同，方向相同

D. 大小不相同，方向相反

三、研讨与实践

“奋斗号”深海载人潜水器于 2020 年 10 月 10 日开始在西太平洋马里亚纳海沟海域实施下潜。截至 11 月 16 日，“奋斗者”号共开展了 12 次下潜，其中 7 次下潜超过 10 000 米，于 10 月 27 日首次突破万米，于 11 月 10 日创造了 10 909 米的中国载人深潜新纪录。让我们一起走近中国科学院声学研究所高级工程师刘烨瑶，听他分享载人深潜小故事：载人深潜“10 909 米”，让“奋斗号”载人潜水器耳聪目名的是水声通信。

【讨论 1】什么是水声通信？它有哪些应用？

【讨论 2】如何处理水声通信中的多普勒频移？

【讨论 3】水声通信中的多普勒频移和多普勒效应有什么关系？

单元 19　机械波(2)

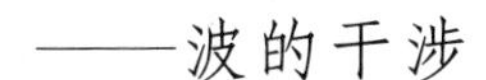

——波的干涉

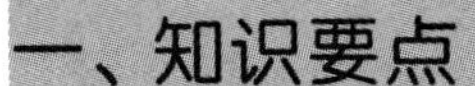

一、知识要点

1. 简谐波的相干条件

① 振动方向相同；② 振动频率相同；③ 相位差恒定。满足上述三个条件的简谐波之间会发生干涉。

2. 简谐波之间的干涉

如图 19－1 所示，设 S_1、S_2 发出的两列相干波在 P 点相遇，波源 S_1、S_2 的振动方程分别为

$$\begin{cases} y_1=A_1\cos(\omega t+\varphi_1) \\ y_2=A_2\cos(\omega t+\varphi_2) \end{cases} \tag{19-1}$$

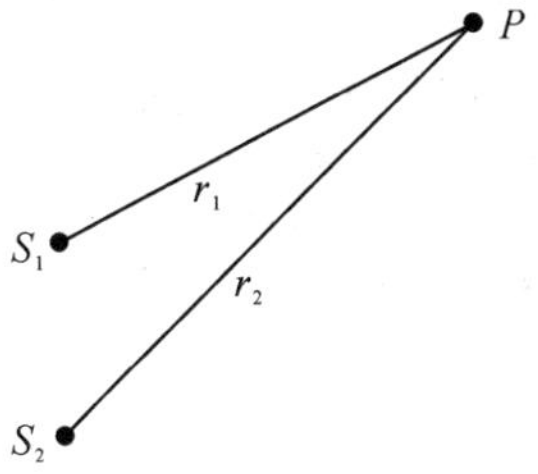

图 19－1

P 点到 S_1、S_2 的距离分别为 r_1、r_2，两列波传输到 P 点，在 P 点引起的振动方程分别为

$$\begin{cases} y_1=A_1\cos\left(\omega t+\varphi_1-\dfrac{2\pi r_1}{\lambda}\right) \\ y_2=A_2\cos\left(\omega t+\varphi_2-\dfrac{2\pi r_2}{\lambda}\right) \end{cases} \tag{19-2}$$

合振动方程为

$$y=y_1+y_2=A\cos(\omega t+\varphi) \tag{19-3}$$

式中，A、φ 分别为合振动的振幅、初相，其计算式分别为

$$A=\sqrt{A_1^2+A_2^2+2A_1A_2\cos\left(\varphi_2-\varphi_1-2\pi\frac{r_2-r_1}{\lambda}\right)} \tag{19-4}$$

$$\tan\varphi=\frac{A_1\sin\left(\varphi_1-\frac{2\pi r_1}{\lambda}\right)+A_2\sin\left(\varphi_2-\frac{2\pi r_2}{\lambda}\right)}{A_1\cos\left(\varphi_1-\frac{2\pi r_1}{\lambda}\right)+A_2\cos\left(\varphi_2-\frac{2\pi r_2}{\lambda}\right)} \tag{19-5}$$

相位差 $\Delta\varphi=(\varphi_2-\varphi_1)-2\pi\frac{r_2-r_1}{\lambda}$是一个和 P 点位置有关的数值，若 $\varphi_2=\varphi_1$，则 $\Delta\varphi=2\pi\frac{r_1-r_2}{\lambda}$，相位差只与波程差$(r_2-r_1)$有关。

(1) 当 $\Delta\varphi=(\varphi_2-\varphi_1)-2\pi\frac{r_2-r_1}{\lambda}=\pm 2k\pi$ $(k=0, 1, 2, \cdots)$时，$A_{max}=A_1+A_2$，P 点合振动振幅最大，即干涉相长；

(2) 当 $\Delta\varphi=(\varphi_2-\varphi_1)-2\pi\frac{r_2-r_1}{\lambda}=\pm(2k+1)\pi$ $(k=0,1,2,\cdots)$时，$A_{min}=|A_1-A_2|$，P 点合振动振幅最小，即干涉相消；

(3) 当 $\Delta\varphi$ 取(1)和(2)之外的其他值时，合振动振幅在 A_{max} 和 A_{min} 之间。

干涉的结果是空间某些点满足干涉相长条件，从而振动始终加强，另一些点满足干涉相消条件，从而振动始终减弱，在空间形成一个稳定的强弱分布的干涉结果。

二、测试题

1. 惠更斯原理涉及下列哪个概念？【　　】

A. 波长　　B. 振幅　　C. 次波假设　　D. 相位

2. 如图 19－2 所示，S_1 和 S_2 为两相干波源，它们的振动方向均垂直图面，发出波长为 λ 的简谐波。P 点是两列波相遇区域一点，已知 $S_1P=2\lambda, S_2P=2.2\lambda$，两列波在 P 点发生相消干涉，若 S_1 的振动方程为 $y_1=A\cos\left(2\pi t+\frac{\pi}{2}\right)$，则 S_2 的振动方程为【　　】。

A. $y_2=A\cos\left(2\pi t-\frac{\pi}{2}\right)$　　B. $y_2=A\cos(2\pi t-\pi)$

C. $y_2=A\cos\left(2\pi t+\frac{\pi}{2}\right)$　　D. $y_2=2A\cos(2\pi t-0.1\pi)$

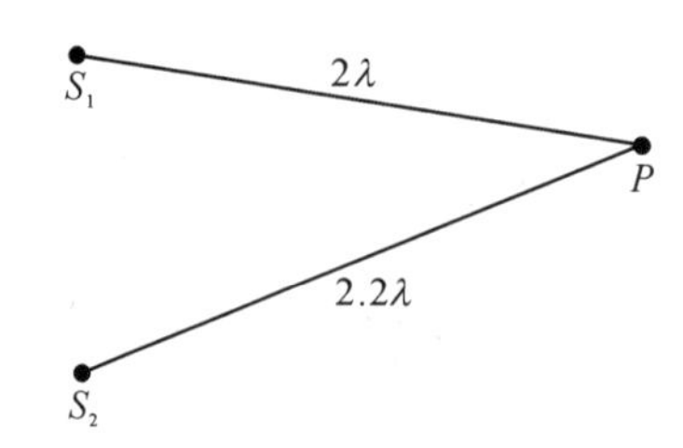

图 19－2　测试题 2 图

3. 如图 19－3 所示，S_1 和 S_2 为两相干波源，其振幅皆为 0.5 m，频率皆为 100 Hz，但当 S_1 为波峰时，S_2 点适为波谷。设在媒质中的波速为 10 m/s，则两波抵达 P 点的相位差

和 P 点的合振幅为【　　】。

A. 200π，1 m

B. 201π，0.5 m

C. 201π，0

D. 201π，1 m

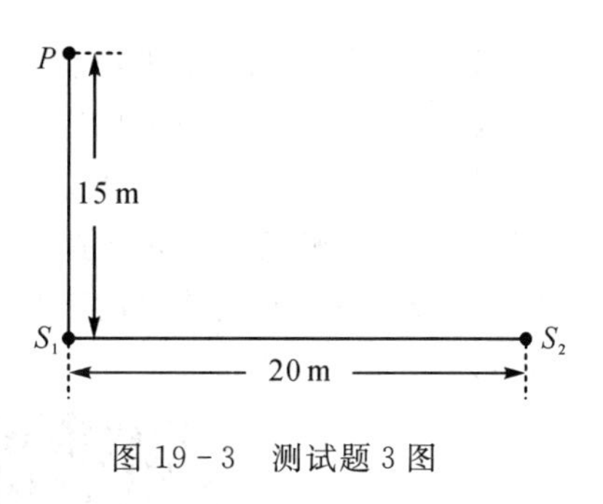

图 19－3　测试题 3 图

4. 两个相干波源 S_1、S_2 的振动方程分别为 $y_1=A\cos(\omega t+\phi)$ 和 $y_2=A\cos(\omega t+\phi+\pi)$，$S_1$ 距 P 点 3 个波长，S_2 距离 P 点 4.5 个波长，设波传播过程中振幅不变，则两波同时传到 P 点时的合振幅是【　　】。

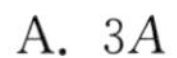
A. $3A$

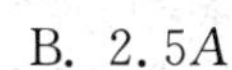
B. $2.5A$

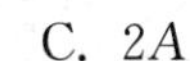
C. $2A$

D. A

三、研讨与实践

内燃机、通风机、鼓风机、压缩机和燃气轮机等工作时，在排放各种高速气流的过程中都伴随有噪声，面对不同噪声，可以选择使用不同类型的降噪消音方法，如图 19－4 所示。利用干涉原理制成的干涉型消声器就是其中常用的一种降噪装置。干涉式降噪利用了腔体内声波的干涉实现了削弱能量、减少噪声的目的。但需要指出，干涉型消声器能控制的噪声频率是有限的，它只能够消除低频噪声。例如发动机周围周期性排气噪声就是一种典型的低频噪声。一般来讲，一台四缸四冲程型发动机，当它以 2000 r/min 的转速转动时，其分值噪声通常低于 200 Hz。常选用干涉型消声器来消除这类低速转动发动机所产生的低频噪声。一台带有干涉消声器的柴油发动机，经过消声处理之后，排气噪声可以降低 10 dB 以上。枪膛射出子弹使用的消音器也利用了干涉效应来降低部分噪声。需要注意，很多消音设备都是配合多种消音手段来多管齐下，从而达到消音目的的。

种类	式样	应用
抗性消声器		相对宽频，适用于中低频噪声
阻抗复合消声器(抗性消声器+阻型材料)		宽频，适用于中高频噪声
亥姆霍兹谐振腔		脏空气管，干净空气管
干涉孔		中低频，脏空气管
1/4管	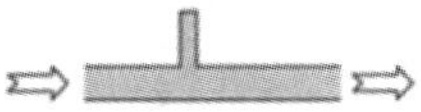	脏空气管，干净空气管
宽频谐振器(涡轮增压发动机)	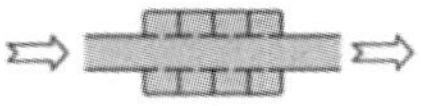	增压空气管

图 19－4

【讨论 1】什么是干涉消音？干涉消音的原理是怎样的？

【讨论 2】干涉消音后的能量去了哪里？能量守恒定律在此处是否还满足？

【讨论 3】图 19－5 是枪管消声器的扩展室内部结构示意图，在子弹经过消声器射出枪管过程中，高速飞行中的子弹压缩空气造成的声波，会在扩展室内部传播，图中带箭头的曲线代表声波在腔内前进的路径，请尝试分析计算一下，对于 200 Hz 的声波，如何设计扩展室以实现干涉消音？这样的扩展室结构是否合理？还可以如何改进？

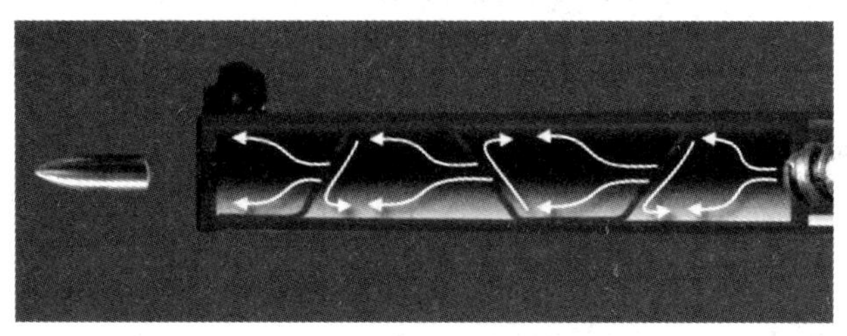

图 19－5　消声器扩展室内部结构示意图

【讨论 4】枪支的消声器是如何消除子弹发射产生的噪声的？

单元 20　机械波(3)

——驻波

一、知识要点

1. 驻波的产生

两列相向而行的相干波叠加会形成驻波。设沿 x 轴正向传播的入射波的波函数为

$$y_1=A\cos\left(2\pi\frac{t}{T}+\varphi_1-2\pi\frac{x}{\lambda}\right) \tag{20-1}$$

忽略能量损失，反射波与入射波振幅相同，反射波沿 x 轴负向传播，其波函数为

$$y_2=A\cos\left(2\pi\frac{t}{T}+\varphi_2+2\pi\frac{x}{\lambda}\right) \tag{20-2}$$

利用三角函数关系，合成驻波的函数为

$$y=y_1+y_2=\underbrace{2A\cos\left(\frac{2\pi x}{\lambda}+\frac{\varphi_2-\varphi_1}{2}\right)}_{\text{I}}\underbrace{\cos\left(2\pi\frac{t}{T}+\frac{\varphi_2+\varphi_1}{2}\right)}_{\text{II}} \tag{20-3}$$

式(20－3)是驻波方程，其中第Ⅰ项是驻波的振幅，振幅是空间位置 x 的函数；第Ⅱ项是简谐振动方程。说明驻波是大量质点同时参与不同振幅、同频率简谐振动的结果。

驻波中振幅为零的位置称为波节，振幅最大的位置称为波腹。由驻波方程可知，波节位置满足

$$\left|\cos\left(\frac{2\pi x}{\lambda}+\frac{\varphi_2-\varphi_1}{2}\right)\right|=0$$

可得波节的位置坐标为

$$x=\pm\frac{(2k+1)\lambda}{4}-\frac{(\varphi_2-\varphi_1)\lambda}{4\pi},\ k=0,\ 1,\ 2,\ \cdots \tag{20-4}$$

波腹位置满足

$$\left|\cos\left(\frac{2\pi x}{\lambda}+\frac{\varphi_2-\varphi_1}{2}\right)\right|=1$$

可得波腹的位置坐标为

$$x=\pm\frac{k\lambda}{2}-\frac{(\varphi_2-\varphi_1)\lambda}{4\pi},\ k=0,\ 1,\ 2,\ \cdots \tag{20-5}$$

由式(20－4)和式(20－5)可得，驻波上相邻两个波节、波腹之间的距离为 $\lambda/2$。如图

20－1所示，第 k 个与第 $k+1$ 个波节(腹)之间各质点的振动相位相同，同步做同频、同相、不同振幅的振动。第 k 个波节(腹)两侧各质点的振动相位相反，即运动趋势相反。式(20－3)表明，驻波上各质元的振幅是其位置 x 的函数，即每个点的振幅是一个与坐标 x 有关的常数。因此，驻波上各点都在做不同振幅的简谐振动，并在任意时刻 t 形成一定的波形，但不同于行波，其波形图既不向左移，也不向右移。驻波中势能集中在波节附近，动能集中在波腹附近。

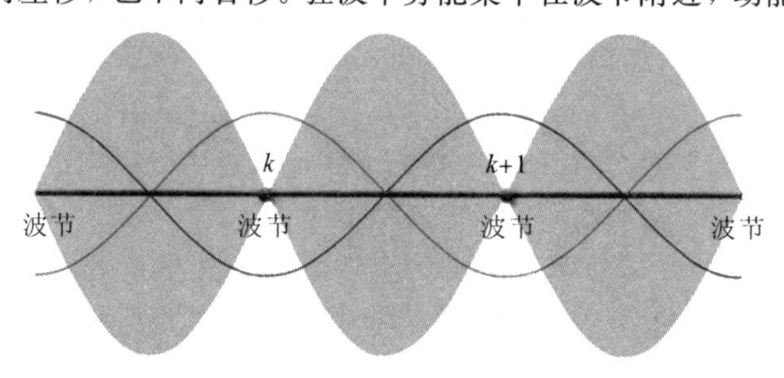

图 20－1　驻波

2. 什么是半波损失?

入射波与反射波在反射点处相位相反，即 $\varphi_2-\varphi_1=\pi$，故在该处叠加形成波节。$\varphi_2-\varphi_1=\pi$，把 π 相位换算成波程，相当于波程发生了半个波长的变化，故称之为半波损失。发生半波损失的两种情况如下：

(1) 当反射点为固定点时，在反射点会形成一个波节，即该点上振动叠加后的合振动振幅是零，因此入射波与反射波在该点的振动反向，相位差为 π，发生了半波损失。

(2) 波从波疏介质传到波密介质发生反射时，两列波在界面上始终为干涉相消，合振动振幅为零。设介质的密度为 ρ，波速为 u，则定义 ρu 较大的介质为波密介质，ρu 较小的介质为波疏介质，如图 20－2 所示。

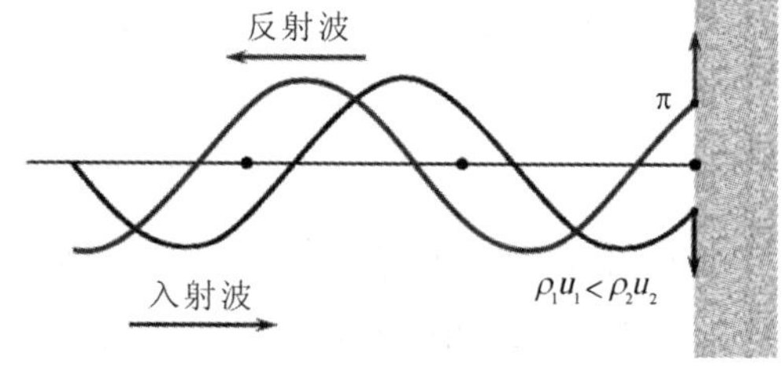

图 20－2　半波损失

二、测试题

1. 在驻波中，两个相邻波节间各质点的振动【　　】。

A. 振幅相同，相位相同　　B. 振幅不同，相位相同

C. 振幅相同，相位不同　　D. 振幅不同，相位不同

2. 在弦线上有一简谐波，其表达式为 $y_1=2.0\times10^2\cos\left[100\pi\left(t+\frac{x}{20}\right)-\frac{4\pi}{3}\right]$。为了在此弦线上形成驻波，并使 $x=0$ 处为一波腹，则此弦线上还应有一个简谐波，其表达式为【　　】。

A. $y_2=2.0\times10^2\cos\left[100\pi\left(t-\frac{x}{20}\right)+\frac{\pi}{3}\right]$

B. $y_2=2.0\times10^2\cos\left[100\pi\left(t-\frac{x}{20}\right)+\frac{4}{3}\pi\right]$

C. $y_2=2.0\times10^2\cos\left[100\pi\left(t-\frac{x}{20}\right)-\frac{\pi}{3}\right]$

D. $y_2=2.0\times10^2\cos\left[100\pi\left(t-\frac{x}{20}\right)-\frac{4}{3}\pi\right]$

3. 一驻波的表达式为 $y=A\cos2\pi x\cos100\pi t$。位于 $x_1=\frac{1}{8}$ m 处的质元与位于 $x_2=\frac{3}{8}$ m 处的质元的振动相位差为【　　】。

A. π　　B. $\frac{\pi}{2}$　　C. $\frac{\pi}{3}$　　D. $-\frac{\pi}{2}$

4. 若一根绳子上的驻波表达式为 $y=3\sin5x\cos4t$，则 $x=0$ 处是【　　】。

A. 波节　　B. 波腹

C. 介于波腹和波节之间的点　　D. 不能确定

三、研讨与实践

声悬浮是利用高强度声波产生的声辐射力来平衡重力，从而实现物体悬浮的一种技术。一般声悬浮装置会利用驻波法产生声辐射压力，声辐射压力可以与物体所受的重力相平衡，从而达到悬浮微小物体的目的。在一般线性声学中，声压随时间做周期性变化，因对时间的均值为零，难以产生声辐射压力。而对于高声强声波，其非线性效应则非常显著，可以其中的直流信号来产生声辐射压力，实现特定空间内的固体或液体的声悬浮。因此声悬浮需要很高的声强条件，例如，频率为 16.7 kHz 的超声波，在空气中悬浮一滴水，至少需要 159.5 dB 的声压级。

采用声悬浮方法不仅可以悬浮金属材料，也可以悬浮各种非金属材料，在材料制备、科学研究和生物医疗等领域具有重要的应用价值。例如，利用声悬浮可以使材料的熔化和凝固在无容器环境下进行，从而消除容器壁对材料的不利影响。在声悬浮条件下，可使水冷却到零下二十摄氏度还不结冰，从而获得深过冷状态的冰。利用声悬浮技术可以对液体的表面张力、黏度、比热等物理参数进行非接触测定，不仅提高了精度，还可以获得液体在亚稳态的物理性质。利用悬浮技术可以使培养液体中的细胞或微生物在固定区域浓集，以提高检测效率。

【讨论 1】什么是声压？如何计算声压？什么是高强度声波？

【讨论 2】声悬浮装置大概是怎样的结构？具体需要用到哪些材料？

【讨论 3】空间中声音驻波是如何影响空气分子的振动的？波节和波腹位置处空气分子的振动是怎样的？悬浮物悬浮的空间位置有什么分布规律？

【讨论 4】以平面驻波为例，估算物体受到的声辐射压和压力。

【讨论 5】尝试在【讨论 2】设计装置的基础上，估计用多大频率的声波才能形成驻波？驻波波长是多少？如何选择悬浮的适当位置？

【讨论 6】拓展了解电磁悬浮、静电悬浮、光悬浮、气动悬浮的悬浮原理。

单元 21　光的干涉(1)

——杨氏双缝实验

一、知识要点

1. 光程与光程差

光在不同的介质中传播速度不同，当经过相同的距离时，引起的相位变化不同。如图 21-1 所示，两束光沿不同介质和路径在 P 点相遇。两束光在 P 点引起的振动分别是

$$\boldsymbol{E}_1=\boldsymbol{E}_{10}\cos\left(\omega t-\frac{2\pi r_1}{\lambda_1}+\varphi_1\right)$$

$$\boldsymbol{E}_2=\boldsymbol{E}_{20}\cos\left(\omega t-\frac{2\pi r_2}{\lambda_2}+\varphi_1\right)$$

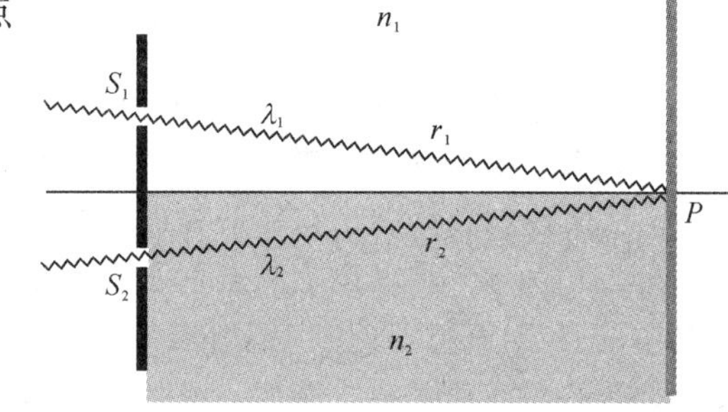

图 21-1　光的振动

在 P 点两束光的相差为

$$\Delta\varphi=\varphi_1-\varphi_2+\frac{2\pi r_2}{\lambda_2}-\frac{2\pi r_1}{\lambda_1}$$

取 $\varphi_1=\varphi_2$，则

$$\Delta\varphi=\frac{2\pi r_2}{\lambda_2}-\frac{2\pi r_1}{\lambda_1}$$

由 $\lambda_1=u_1T=\frac{c}{n_1}T=\frac{\lambda}{n_1}$ 和 $\lambda_2=\frac{\lambda}{n_2}$(其中 λ 为真空中光的波长)，得到

$$\Delta\varphi=2\pi\left(\frac{n_2r_2}{\lambda}-\frac{n_1r_1}{\lambda}\right)$$

若引入光程 $\Delta=nr$，则光程差 δ 为

$$\delta=n_2r_2-n_1r_1 \tag{21-1}$$

而相位差与光程差的关系则为

$$\Delta\varphi=\frac{2\pi}{\lambda}\delta \tag{21-2}$$

式中：λ 是真空中光的波长。若光在介质 n 中的传播距离为 r，则引起的相位变化为

$$\Delta\varphi'=2\pi\frac{r}{\lambda'}$$

而光在真空中传播距离 $\Delta=ct=nr$ 引起的相位变化为 $\Delta\varphi=\Delta\varphi'$。即在相同时间 t 里，光在介

质 n 中传播距离 r 引起的相位变化，与光在真空中传播距离 $\Delta=ct$ 所引起的相位变化相同。在计算光在不同介质中传播到某一点所引起的相位变化时，将光在介质中走过的路程折算为光在真空中走过的距离 $\Delta=nr$，即光程。这样可方便地利用光在真空中的波长进行相位变化的计算。光程的重要性在于确定光的相位，而相位又决定了光的干涉和衍射行为。

用光干涉的方法测出的光程差总是以光的波长为单位表示的。因光波波长很短，故可以通过光的干涉法进行长度、折射率、波长等精确度很高的特殊测量。人们为各种测量目的设计了多种准确而方便的干涉仪。

2. 产生干涉光的方式

分波阵面法：在光波的同一个波面上取两个子波源，两列光经过不同的路径在空间一点相遇，产生干涉。它只适用于光源足够小的情况。如杨氏双缝干涉装置、洛埃德镜干涉装置以及用于测量光程差的瑞利干涉仪等，都是利用波阵面分割的原理实现的。

分振幅法：将同一束光利用反射或折射等方法分成两列光波，两列波经过不同的路径在空间一点相遇，产生干涉。它可用于扩展光源，故效应的强度比分波阵面法要大。如牛顿环干涉仪等。

二、测试题

1. 在相同的时间内，一束波长为 λ 的单色光在空气中和在玻璃中【　　】。

A. 传播的路程相等，走过的光程相等

B. 传播的路程相等，走过的光程不相等

C. 传播的路程不相等，走过的光程相等

D. 传播的路程不相等，走过的光程不相等

2. 如图 21-2 所示，如果 S_1 和 S_2 是两个相干光源，它们到 P 点的距离分别为 r_1 和 r_2。路径 S_1P 垂直穿过一块厚度为 t_1、折射率为 n_1 的介质板，路径 S_2P 垂直穿过厚度为 t_2、折射率为 n_2 的另一介质板，其余部分可看作真空，则这两条路径的光程差为【　　】。

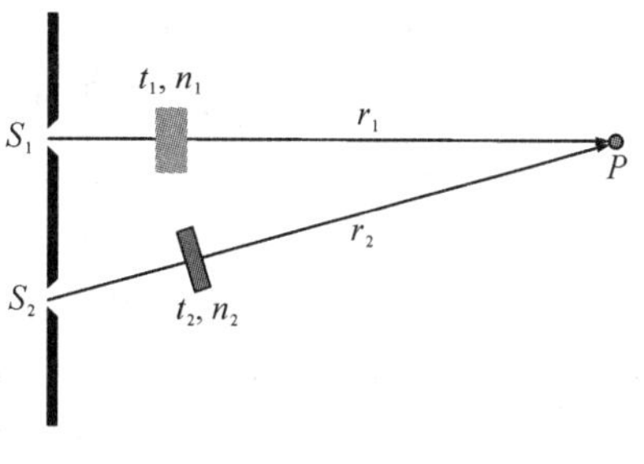

图 21-2　测试题 2 图

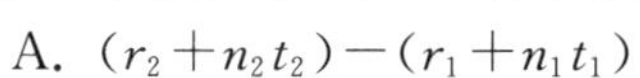
A. $(r_2+n_2t_2)-(r_1+n_1t_1)$

B. $[r_2+(n_2-1)t_2]-[r_1+(n_1-1)t_1]$

C. $(r_2-n_2t_2)-(r_1-n_1t_1)$

D. $n_2t_2-n_1t_1$

3. 相干光满足的条件是：①____________；②____________；③____________。有两束相干光，频率为 ν，初相相同，在空气中传播，若它们在相遇点的几何路程差为 r_2-r_1，则相位差 $\Delta\varphi=$________。

4. 用 $\lambda=632.8$ nm 的激光垂直照射一双缝，在缝后 2.0 m 处的墙上观察到中央明纹和第一级明纹的间隔为 14 cm。

(1) 试求：两缝的间距；

(2) 在中央明纹以上还能看到几条明纹？

5. 双缝干涉实验中，单色光源 S_0 到两缝 S_1、S_2 的距离分别为 l_1、l_2，并且 $l_1-l_2=3\lambda$，λ 为入射光的波长，双缝之间的距离为 d，双缝到屏幕的距离为 D，如图 21-3 所示。试求：

(1) 零级明纹到屏幕中央 O 点的距离；

(2) 相邻明条纹间的距离。

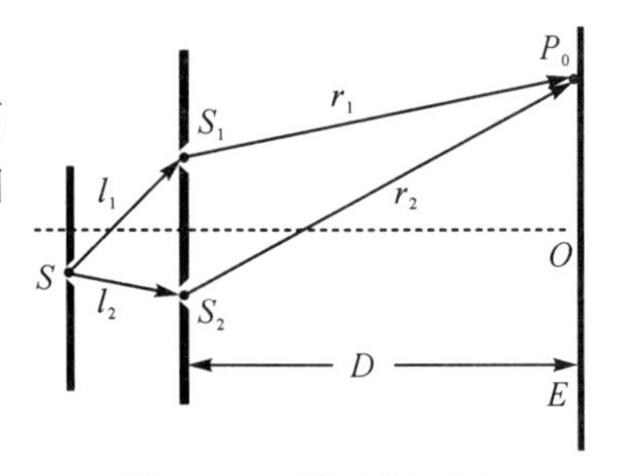

图 21-3　测试题 5 图

三、研讨与实践

1. 阅读材料——有关“寻求光的本质：粒子与波百年之争”的历程

(1) 19 世纪以前，牛顿提出光是一种粒子，这种说法持续历经了一百多年的时间。

(2) 麦克斯韦通过麦克斯韦方程组，预测光是一种波。

(3) 1807 年，托马斯·杨进行了下述实验并提出了他的观点。

实验装置：一根蜡烛，一块双缝遮挡板，一个接收屏。

预测：如果光是一种粒子，则会形成明暗相间的条纹。如果光是一种波，则会随机通过左边或者右边的狭缝到达观察屏。

实验结果：干涉条纹出现了。

结论：光确实是一种波。

(4) 1909 年，泰勒对托马斯·杨的实验进行了下述改进并提出了他的看法。

实验改进：确保每次只让一个光子通过双缝板。

预测：应该会出现两条亮纹。

实验结果：干涉条纹出现了。

结论：光子与自己发生干涉。

(5) 爱因斯坦认为光确实是一种粒子。

(6) 1924 年，德布罗意提出了波粒二象性。

(7) 1965 年，费曼提出思想实验，1970 年才得以实现。

实验改进：在狭缝后面加一个监视器来观察光到底通过哪条缝。

预测：因为粒子性和波动性无法同时被观测到，所以干涉图像会消失。

实验结果：当监视器打开时，屏幕不会出现干涉条纹；当监视器关闭时，屏幕会出现条纹。

结论：仿佛光知道人们在观察它，会随着人们的观测而随时改变“选择”，选择自己是波还是粒子。

(8) 1979 年，惠勒提出延迟选择思想实验。

实验改进：用半镀银的反射镜代替双缝，探测器可以随机选择是否要观察。

预测：光子应该来不及改变选择。

实验结果：当监视器打开时，屏幕不会出现干涉条纹，当监视器关闭时，屏幕会出现条纹。

(9) 量子擦除实验：光子能够自旋。

实验改进：在屏幕上安装可探知光子选择方向的接收装置。

预测：根据量子力学，光子可以“抹除标记”。

实验结果：在光子穿过两个狭缝之前为光子打上“标记”，穿过双缝屏以后光子身上的“标记”被抹除了。当监视器打开时，屏幕会出现干涉条纹。

(10) 1999年，量子擦除与延迟选择相结合。

预测：根据量子纠缠，只要知道了 B 的状态和路径，就可通过计算推得 A 的状态和路径。

实验结果：只要无法完全确定路径，屏幕就会出现干涉条纹。

结论：光子似乎“知道”我们的计算结果。

【讨论1】杨氏双缝实验已历经百年，对物理学的发展起了重要的作用。请问你是如何理解“光子与自己发生干涉”这句话的？

【讨论2】尝试用激光笔和硬纸板做一个简易的干涉实验，并实现如下过程：

(1) 干涉相长；

(2) 干涉相消；

(3) 光波长的测量。

【讨论3】通过网络调研，阐述引力波是如何通过迈克尔逊-莫雷干涉仪探测出来的？

2. “双缝干涉实验”专题讨论

(1) 在双缝干涉实验中，设单缝宽度为 t，双缝间不透明的距离为 d，双缝与屏距离为 d'。下列四组数据中哪一组在屏上可观察到清晰的干涉条纹？【　　】

A. $\begin{cases} t=10\ \text{mm} \\ d=1\ \text{mm} \\ d'=100\ \text{mm} \end{cases}$　B. $\begin{cases} t=1\ \text{mm} \\ d=0.1\ \text{mm} \\ d'=100\ \text{mm} \end{cases}$　C. $\begin{cases} t=1\ \text{mm} \\ d=10\ \text{mm} \\ d'=1000\ \text{mm} \end{cases}$　D. $\begin{cases} t=1\ \text{mm} \\ d=0.1\ \text{mm} \\ d'=1000\ \text{mm} \end{cases}$

(2) 双缝间距变小，干涉条纹间距________(填变大、不变或变小)。

(3) 屏幕移近，干涉条纹间距________(填变大、不变或变小)。

(4) 波长变长，干涉条纹间距________(填变大、不变或变小)。

(5) 把双缝中的一条狭缝挡住，并在两缝垂直平分线上放一块平面反射镜，干涉条纹变________(填清晰或模糊)。

(6) 将光源 S 向下移动到 S' 位置，干涉条纹间距________(填变大、不变或变小)。

(7) 若将双缝干涉实验从空气移入水面之下进行，干涉条纹间距________(填变大、变小或不变)。

(8) 在双缝干涉实验中，用白光照射时，明纹会出现彩色条纹，明纹内侧呈______色；如果用纯红色滤光片和纯蓝色滤光片分别盖住两缝，则________(填能或不能)产生干涉条纹。

(9) 两缝的宽度原来是相等的，若其中一缝的宽度略变窄，则干涉条纹间距______(填变或不变)。

单元 22 光的干涉(2)

——劈尖的干涉、牛顿环

一、知识要点

1. 薄膜干涉

如图 22-1 所示，折射率为 n_2、厚度为 h 的平行薄膜夹在折射率为 n_1 和 n_3 的两种介质之间。入射光经薄膜上、下表面反射后叠加形成反射光的干涉，S'点的光强 I 取决于图中光束 1 和光束 2 的光程差。

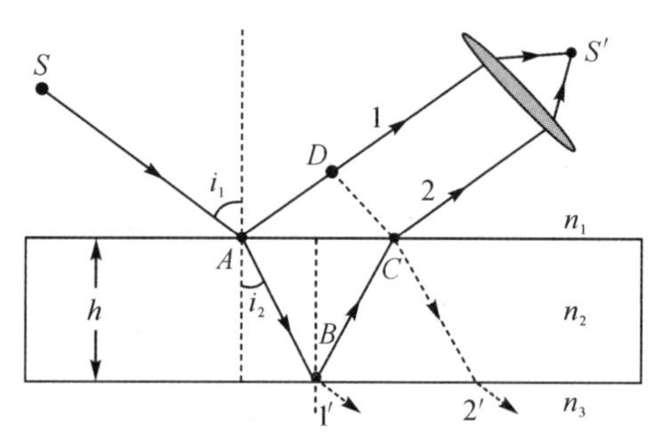

图 22-1 薄膜干涉

设 $n_1<n_2<n_3$，则入射光经薄膜上表面反射时有半波损失，经薄膜下表面反射时也有半波损失。这样，光束 2 与光束 1 之间的光程差为

$$\delta=\left[n_2(AB+BC)+\frac{\lambda}{2}\right]-\left[n_1(AD)+\frac{\lambda}{2}\right]=n_2(AB+BC)-n_1(AD)$$

因为 $AB=BC=h/\cos i_2$，$AD=AC\sin i_1=2h\tan i_2\sin i_1$，所以

$$\delta=2n_2\ \frac{h}{\cos i_2}-2n_2h\tan i_2\sin i_1$$

由折射定律 $n_1\sin i_1=n_2\sin i_2$ 得

$$\delta=2n_2\ \frac{2h}{\cos i_2}-(n_2-n_2\ \sin^2 i_2)=2n_2h\cos i_2 \qquad (22-1)$$

若 $n_1>n_2>n_3$，两反射光在薄膜的上下表面反射时均无半波损失。

若 $n_1<n_2$，$n_2>n_3$，薄膜上表面反射光有半波损失，下表面反射光无半波损失。

若 $n_1>n_2$，$n_2<n_3$，薄膜上表面反射光无半波损失，下表面反射光有半波损失，光程差均记为

$$\delta=2n_2h\cos i_2+\frac{\lambda}{2}=2h\ \sqrt{n_2^2-n_1^2\ \sin^2 i_1}+\frac{\lambda}{2} \qquad (22-2)$$

在薄膜干涉中，半波损失问题至关重要。

由相位差与光程差关系 $\Delta\varphi=2\pi\delta/\lambda$ 及干涉相长、相消条件，可知薄膜反射光干涉的明暗条件是

$$\delta=2h\sqrt{n_2^2-n_1^2\sin^2 i_1}+\frac{\lambda}{2}=\begin{cases}k\lambda, & k=1,2,\cdots(\text{干涉相长})\\(2k+1)\dfrac{\lambda}{2}, & k=0,1,2,\cdots(\text{干涉相消})\end{cases}\tag{22-3}$$

当 n_1、n_2 一定时，光程差由介质膜厚度 h 和入射倾角 i_1 决定。这样我们可以把薄膜干涉分成两类：一类是入射倾角 i_1 不变，而光程差仅决定于介质膜厚度 h，同等膜厚度处对应同一干涉条纹，称为等厚干涉；另一类是介质膜厚度 h 均匀不变，光程差仅决定于入射倾角 i_1，具有相同倾角的入射光对应同一条干涉条纹，称为等倾干涉。

2. 等厚干涉－劈尖干涉

如图 22－2 所示，设劈尖的折射率为 n_2，上下介质折射率为 n_1，且 $n_1<n_2$。以波长为 λ 的单色平行光垂直入射到劈尖的上、下表面反射时，上表面有半波损失，下表面无半波损失。

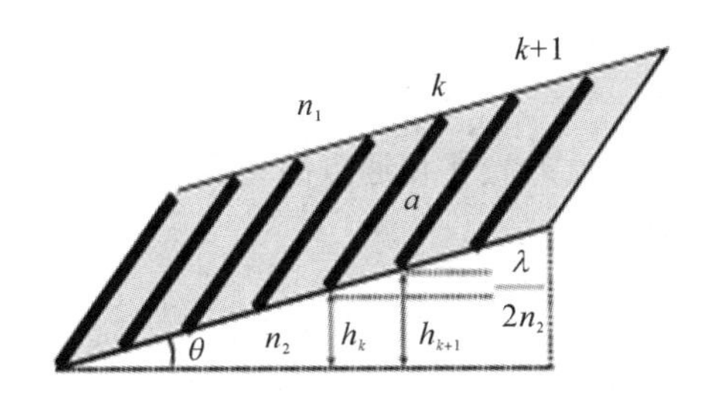

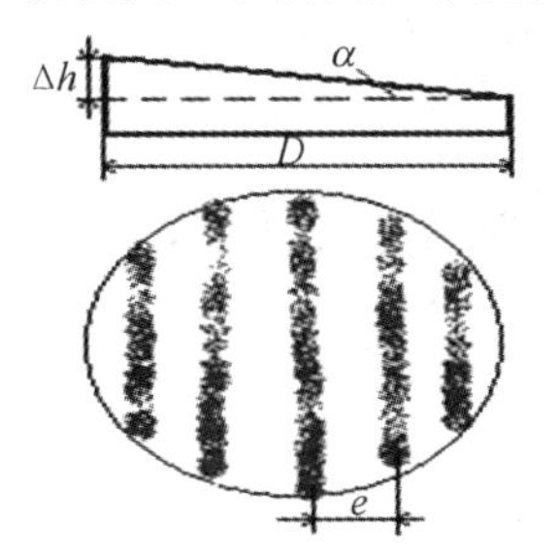

图 22－2　劈尖干涉条纹

两反射光的光程差为

$$\delta=2n_2h+\frac{\lambda}{2}=\begin{cases}k\lambda, & k=1,2,\cdots(\text{明纹中心})\\(2k+1)\dfrac{\lambda}{2}, & k=0,1,2,\cdots(\text{暗纹中心})\end{cases}\tag{22-4}$$

3. 牛顿环

实验上通常将一个曲率半径为 R(R 较大，数量级为米)的平凸透镜(折射率为 n)放在一块平整的玻璃片(折射率为 n'，且有 $n<n'$)上构成一个牛顿环装置。以波长为 λ 的单色平行光垂直入射到牛顿环上，在平凸透镜的下表面和玻璃片的上表面产生的两束反射光相干叠加，形成干涉条纹。牛顿环实验装置以及产生的干涉条纹如图 22－3 所示。

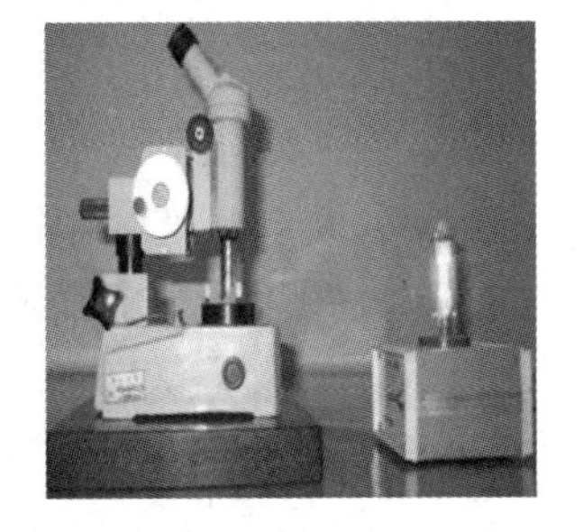

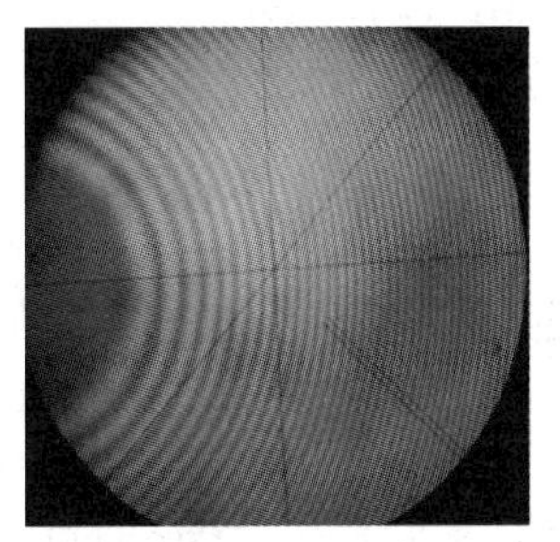

图 22－3　牛顿环实验装置以及产生的干涉条纹

如图 22－4 所示，厚度 h 相同的点共处于以 CO 轴为中心的同一圆上，所以牛顿环的干涉条纹是以轴为中心的同心圆环。对于 O 点，$h=0$，$\delta=\lambda/2$，是零级暗纹中心。越往外，条纹分布越密，干涉级越高。

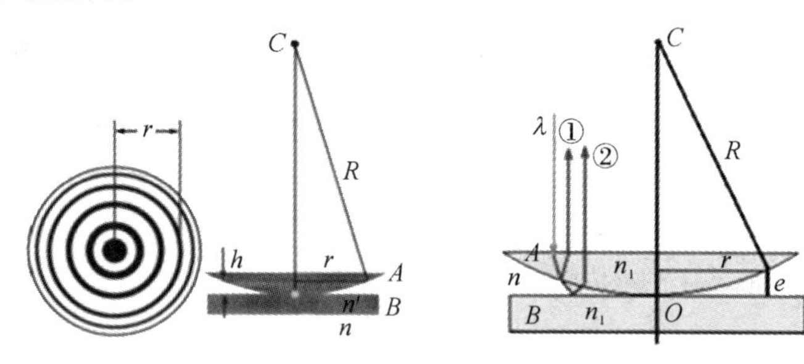

图 22-4　牛顿环原理图

由几何关系，可知

$$R^2=r^2+(R-h)^2$$

因为 $R \gg h$，r，故有

$$h \approx \frac{r^2}{2R}$$

平凸透镜下表面的反射光和平面玻璃板上表面反射光在相遇点的光程差为

$$\delta=2nh+\frac{\lambda}{2}$$

即

$$\delta=n\frac{r^2}{R}+\frac{\lambda}{2}$$

第 k 级明环的半径为

$$r_{k明}=\sqrt{(2k-1)\frac{R\lambda}{2n}} \tag{22-5}$$

第 k 级暗环的半径为

$$r_{k暗}=\sqrt{kR\frac{\lambda}{n}} \tag{22-6}$$

可见条纹内疏外密，中间级次低，边缘高。

曲率半径和光波的波长为

$$R=\frac{r_{k+m}^2-r_k^2}{m\lambda},\ \lambda=\frac{r_{k+m}^2-r_k^2}{mR}$$

二、测试题

1. 在照相机镜头的玻璃片上均匀镀有一层折射率 n 小于玻璃折射率的介质薄膜，以增强某一波长 λ 的透射光能量。假设光线垂直入射，则介质膜的最小厚度应为【　　】。

A. λ/n　　B. $\lambda/2n$　　C. $\lambda/3n$　　D. $\lambda/4n$

2. 如图 22-5 所示，平行单色光垂直照射到薄膜上，经上下两表面反射的两束光发生干涉，若薄膜厚度为 e，而且 $n_1<n_2$，$n_2>n_3$，λ_1 为入射光在折射率为 n_1 的媒质中的波长，则两束反射光在相遇点的相位差为【　　】。

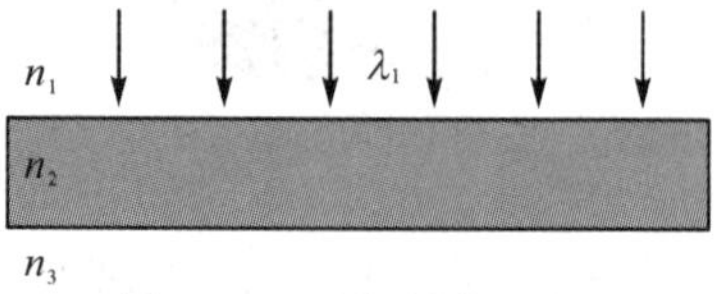

n_1　λ_1

n_2

n_3

图 22-5　测试题 2 图

A. $\dfrac{2\pi n_2 e}{n_1\lambda_1}$　　B. $\dfrac{4\pi n_1 e}{n_1\lambda_1}+\pi$　　C. $\dfrac{4\pi n_2 e}{n_1\lambda_1}+\pi$　　D. $\dfrac{4\pi n_2 e}{n_1\lambda_1}$

3. 两块平整玻璃片构成空气劈尖，左边为棱边，用单色平行光垂直入射，若上面的玻璃片慢慢地向上平移，则干涉条纹【　　】。

A. 向棱边方向平移，条纹间隔变小　　B. 向远离棱的方向平移，条纹间隔不变

C. 向棱边方向平移，条纹间隔变大　　D. 向远离棱的方向平移，条纹间隔变小

E. 向棱边方向平移，条纹间隔不变

4. 如图 22－6 所示，一光学平板玻璃 A 与待测工件 B 之间形成空气劈尖，用波长 $\lambda=$ 500 nm 的单色光垂直入射。看到的反射光的干涉条纹如图 22－6 所示。有些条纹弯曲部分的顶点恰好与其右边条纹的直线部分相切。则工件的上表面缺陷是【　　】。

A. 不平处为凸起纹，最大高度 500 nm

B. 不平处为凸起纹，最大高度 250 nm

C. 不平处为凹槽，最大深度 500 nm

D. 不平处为凹槽，最大深度 250 nm

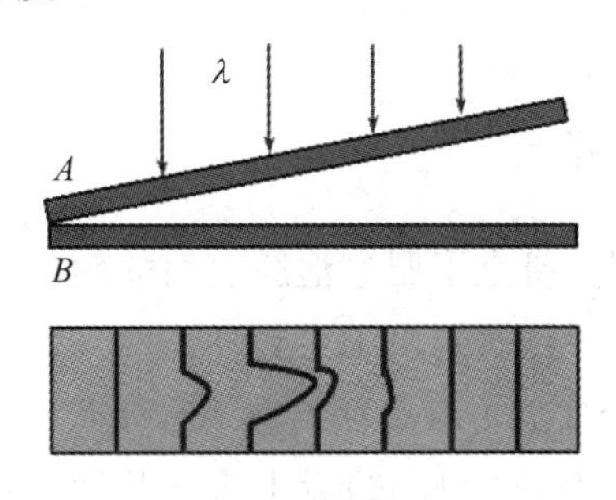

图 22－6　测试题 4 图

5. 波长 $\lambda=600$ nm 的单色光垂直照射到牛顿环的装置上，第二级明纹与第五级明纹所对应的空气膜厚度之差为________________。

6.【判断题】可用观察等厚条纹半径变化的方法来确定待测透镜球面半径比标准样规所要求的半径是大还是小。如图 22－7 所示，待测透镜球面半径比标准样规所要求的半径大，此时若轻轻地从上面往下按样规，则图中的条纹半径将缩小。【　　】

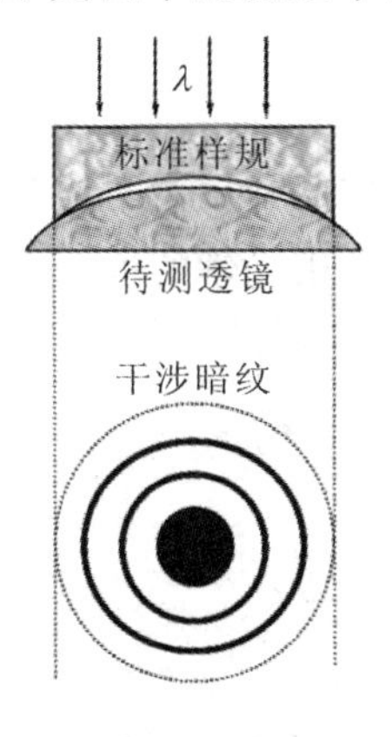

图 22－7　测试题 6 图

7. 欲测定 SiO_2 的厚度，通常将其磨成如图 22－8 所示的劈尖状，然后用光的干涉方法测量，若以 $\lambda=590\ nm$ 的光垂直入射，看到 7 条暗纹，且第 7 条位于 N 处，问该膜厚为多少。

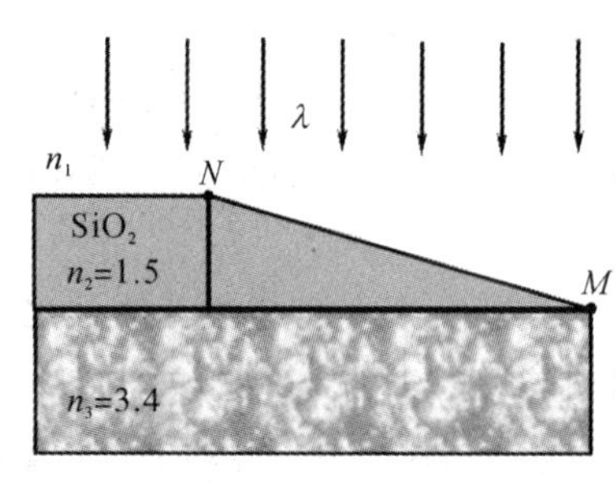

图 22－8　测试题 7 图

三、研讨与实践

1. 有关“牛顿环”的历程

为了证明光是一种波，胡克研究了肥皂泡膜表面的颜色。

为了证明光是一种微粒，牛顿研制出了牛顿环。

【讨论 1】请尝试设计一个实验方案证明光具有粒子性。

【讨论 2】一层很薄的肥皂膜($n=1.33$)看上去一片漆黑，若把同样厚度的肥皂膜盖在玻璃片($n=1.5$)上，看上去却是一片明亮，请解释这种现象的原理。

【讨论 3】当肥皂泡膜变薄时，膜的颜色呈现彩色，当肥皂泡膜很快就要破裂时，膜的颜色却变成了黑色。请解释这种现象的原理。

【讨论 4】表面附有油膜的透明玻璃片，当有阳光照射时，可在玻璃片的表面和边缘分别看到彩色图样，这两种现象都是干涉吗？

2. 讨论并回答下列问题

(1) 若半导体工件表面有缺陷，如何利用光学检测方法识别出来？

(2) 研磨好的望远镜目镜，如何采用光学的检验方法判别其符合出厂标准？

单元 23　光的衍射(1)

——单缝衍射、光学仪器的分辨率

一、知识要点

1. 衍射的分类

根据光源、衍射孔(或障碍物)、屏三者之间的位置关系，可把衍射分为菲涅耳衍射和夫琅禾费衍射两类，如图 23-1 所示。

(1) 菲涅耳衍射：光源或光屏距衍射孔(障碍物)为有限距离的衍射。

(2) 夫琅禾费衍射：光源和光屏距衍射孔(障碍物)均为无限远的衍射。

夫琅禾费衍射不仅分析起来较为简单，而且是大多数实用场合需要考虑的情形。

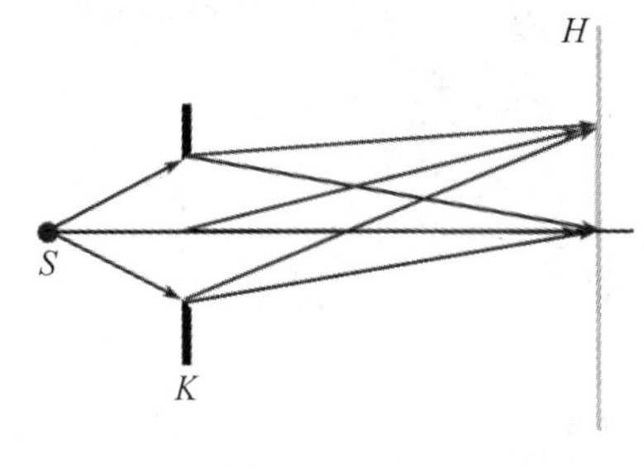

(a) 菲涅耳衍射

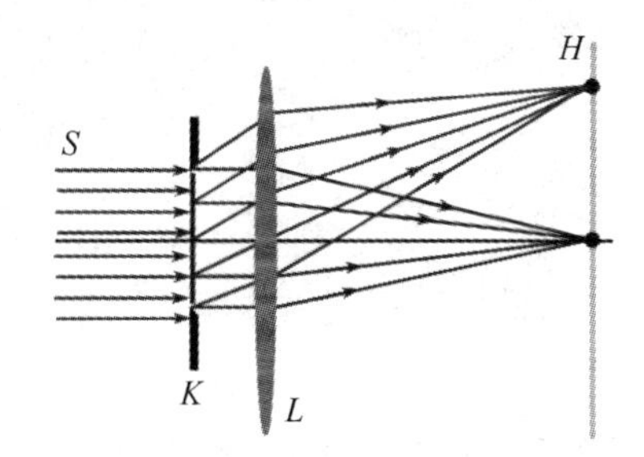

(b) 夫琅禾费衍射

图 23-1　两种衍射的示意图

2. 菲涅尔半波带法

如图 23-2 所示，如果衍射角为 φ 的两条边缘光线的光程差恰好等于垂直入射的平行单色光的半波长的整数倍，即

$$\delta = BC = a\sin\varphi = k\frac{\lambda}{2} \qquad (23-1)$$

这就相当于把 BC 分成 k 个 $\frac{1}{2}\lambda$ 宽度。作一系列平行于 AC 且相距 $\frac{1}{2}\lambda$ 的平面，这些平面把波面 AB 切割成了 k

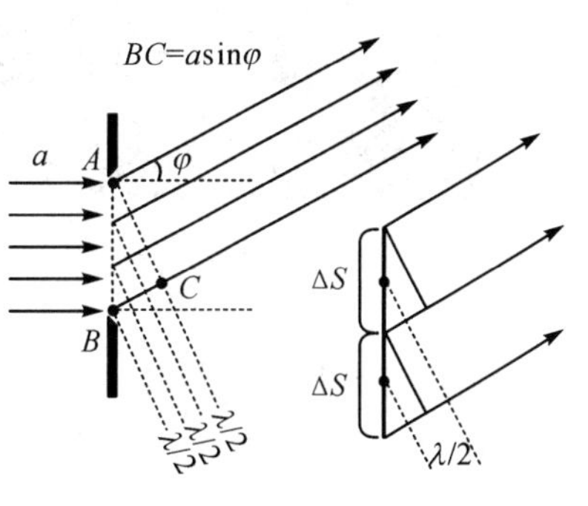

图 23-2　菲涅尔半波带法

个波带 ΔS。由于波带等宽等面积，因此所有波带发出的光的强度都可以看成近似相等。相邻波带的中心以及各对应点发出的光到屏幕的光程差均为 $\frac{1}{2}\lambda$，故这些波带称为半波带。于是，相邻两半波带的各对应子波将两两成对地在屏幕上相干叠加而相消。依此类推，若该衍射方向的 BC 的长度恰好是偶数个半波带，则叠加的总效果使屏幕上呈现为干涉相消，该处为暗条纹中心；若该衍射方向的 BC 的长度恰好是奇数个半波带，则相邻半波带衍射子波在屏上干涉相消后，还剩余一个半波带发出的光未抵消而在屏上形成明纹。显然，衍射角越大，半波带数越多，每个半波带 ΔS 的面积就越小，即剩余的半波带发出的光能量越小，故所形成的明条纹亮度亦越弱。若对应于某衍射方向，BC 不能恰好划分为整数个半波带，则剩余的波带发出的光在屏上形成的条纹亮度介于明暗之间。当衍射角 $\varphi=0$ 时，各半波带发出的光没有光程差，所有的子波干涉相长，干涉产生最亮的中央明纹。

3. 单缝衍射

一束平行光垂直照射到宽度与光的波长可比拟的狭缝时会绕过缝的边缘向阴影区衍射，衍射光经透镜会聚焦到平面处的屏幕上，形成衍射条纹。这种条纹叫作夫琅禾费单缝衍射条纹。单缝夫琅禾费衍射的实验原理图如图 23－3 所示。单色绿光和白光照射时的单缝衍射结果如图 23－4 所示。

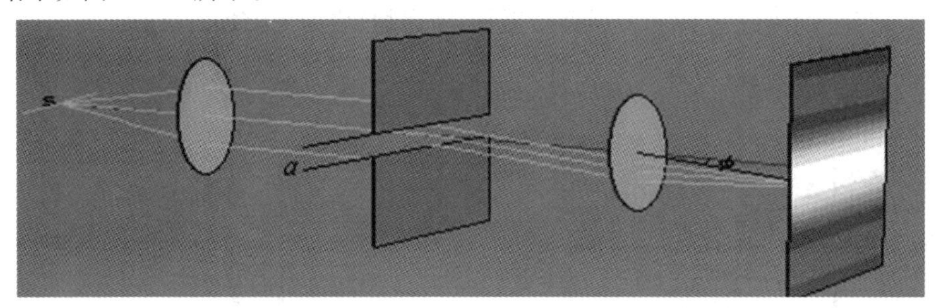

图 23－3　单缝夫琅禾费衍射的实验原理图

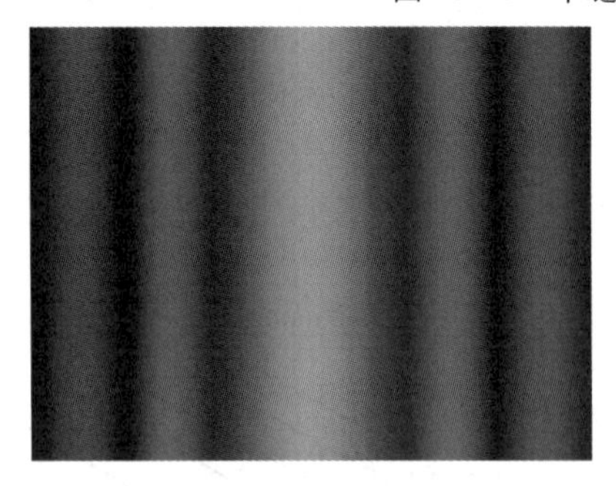

(a) 单色绿光照射时的衍射结果

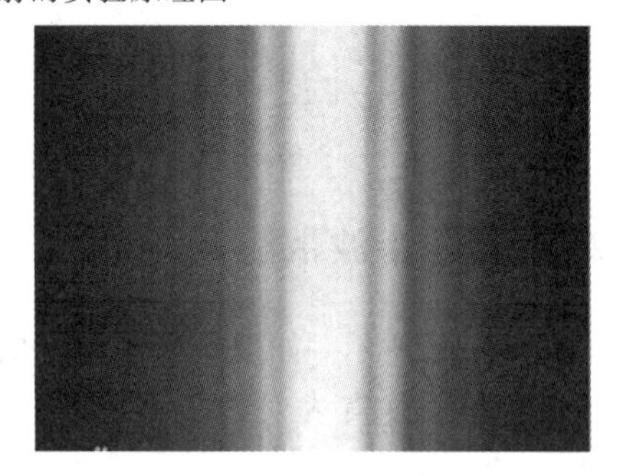

(b) 白光照射时的衍射结果

图 23－4　单缝衍射结果

利用菲涅耳半波带法进行分析，可以得到单缝衍射条纹的明暗条件。

暗纹中心条件为

$$\delta=BC=a\sin\varphi=\pm 2k\frac{\lambda}{2},\ k=1,\ 2,\ \cdots \tag{23-2}$$

明纹中心条件为

$$\delta=BC=a\sin\varphi=\pm(2k+1)\frac{\lambda}{2},\ k=1,\ 2,\ \cdots \tag{23-3}$$

中央明纹范围为

$$-\frac{\lambda}{a}<\sin\varphi<\frac{\lambda}{a} \tag{23-4}$$

式中：$k=1,\ 2,\ \cdots$是干涉级次。若k值增加，φ角增大，波带数增多，则每一个波带的面积减小，因而明纹中心级数越高，其亮度就越小。衍射角φ的取值范围为$-\frac{\pi}{2}<\varphi<\frac{\pi}{2}$。

单缝衍射条纹具有以下特点：

(1) 在图 23-5 中，P_0点为透镜的焦点，衍射条纹到P_0点的距离为x，则$x=f\tan\varphi$。在φ角很小的条件下，可认为$\tan\varphi\approx\sin\varphi\approx\varphi$。在此条件下得到中央明条纹的角宽度$\Delta\varphi_0=2\frac{\lambda}{a}$，线宽度$\Delta x_0=f\Delta\varphi_0=2f\frac{\lambda}{a}$；其他明条纹的角宽度$\Delta\varphi=\frac{\lambda}{a}$，线宽度$\Delta x=f\frac{\lambda}{a}$(如图 23-6 所示)。

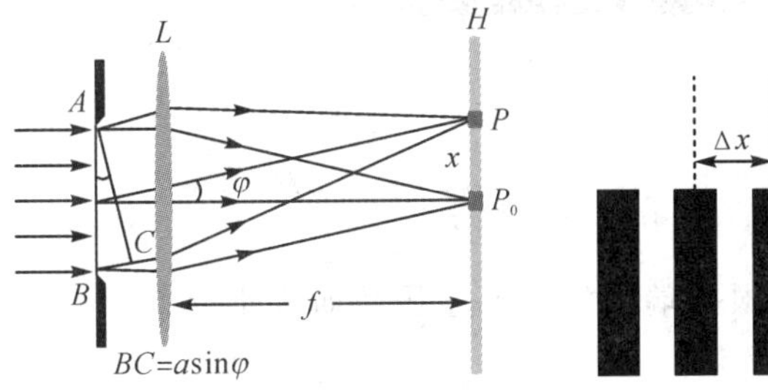

图 23-5　单缝衍射原理图

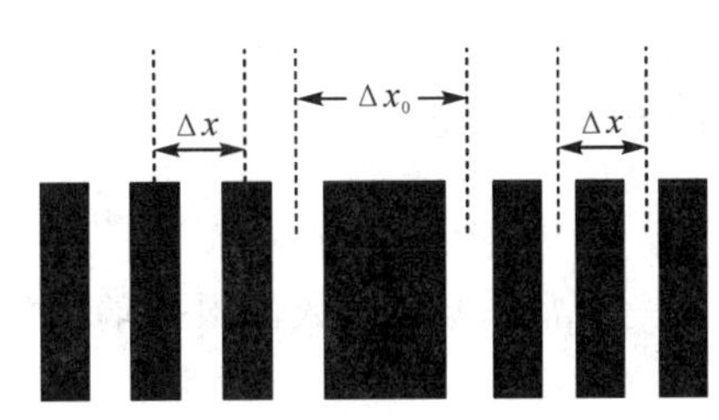

图 23-6　单缝衍射条纹测距

(2) 单缝宽度a越小，入射光波波长λ越大，明条纹的角宽度和线宽度就越大，衍射越明显。当$a\gg\lambda$时，$\Delta\varphi=0$，光做直线传播。

(3) 固定透镜L的位置不动而使单缝的位置做上下微小平移，衍射图样的位置不变。

(4) 当复色光入射时，中央 0 级明纹中心仍为复色光的混合，其他级明纹呈现彩色，且λ越小的条纹越靠近中心位置。高级次彩色条纹将出现重叠。由衍射产生的彩色条纹叫作衍射光谱，如图 23-7 所示。衍射条纹光强分布如图 23-8 所示。

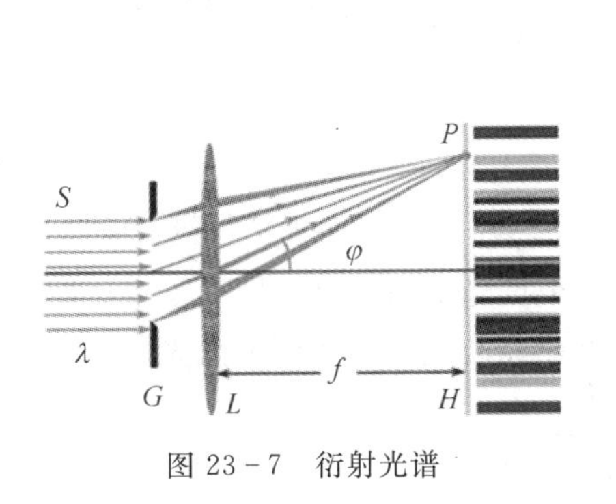

图 23-7　衍射光谱

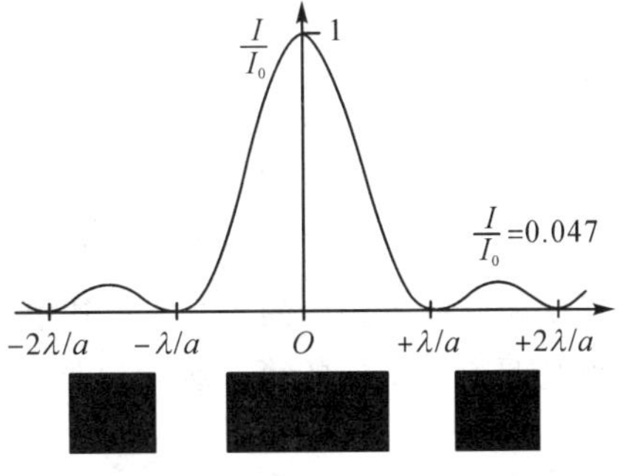

图 23-8　衍射条纹光强分布

4. 圆孔夫琅禾费衍射

平行单色光入射到圆孔上，圆孔所在的波面上各点发出的子波经过透镜会聚在焦平面的不同点，形成夫琅禾费圆孔衍射。

根据惠更斯-菲涅耳原理分析可得：衍射图样中央是一明亮圆斑(称为爱里斑)，占入射光强的 84%，外圈是明暗相同的同心圆环，如图 23－9 所示。

图 23－9　圆孔衍射实验结果

爱里斑的半角宽度为

$$\theta_0 \approx \sin\theta_0 = 1.22\frac{\lambda}{D} \tag{23-5}$$

式中：1.22 是一个常系数，该数值根据瑞利的贝塞尔函数研究推导得出；D 是衍射圆孔直径。

5. 瑞利判据

当一个点光源像斑的中心刚好落在另一个点光源像斑的中央亮斑边缘(第一级暗纹)上时，认为刚刚能分辨出这两个点光源，如图 23－10 所示。若两个中央亮斑大部分重叠，则难以分清楚了，如图 23－11 所示。

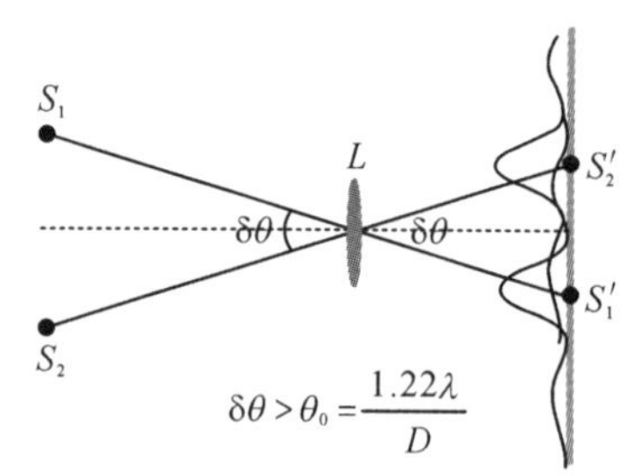

图 23－10　能分辨两个点光源的情况

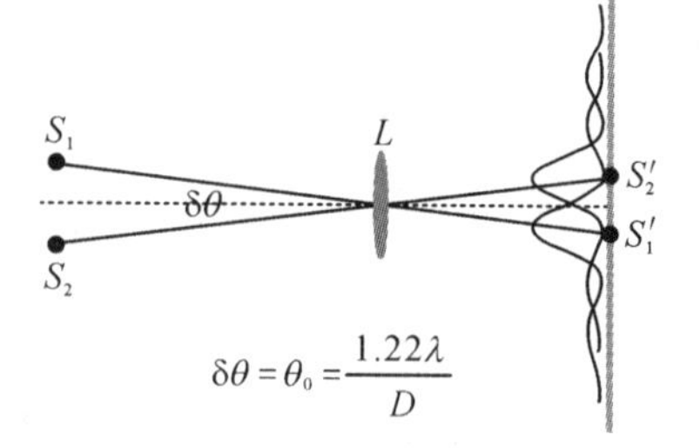

图 23－11　大部分重叠的情况

两个强度相同的不相干的点光源，其中任一个点光源的衍射图样的爱里斑中心刚好落在另一个点光源衍射图样的第一级暗纹处，则光学系统刚好分辨两个点光源，如图 23－12 所示。

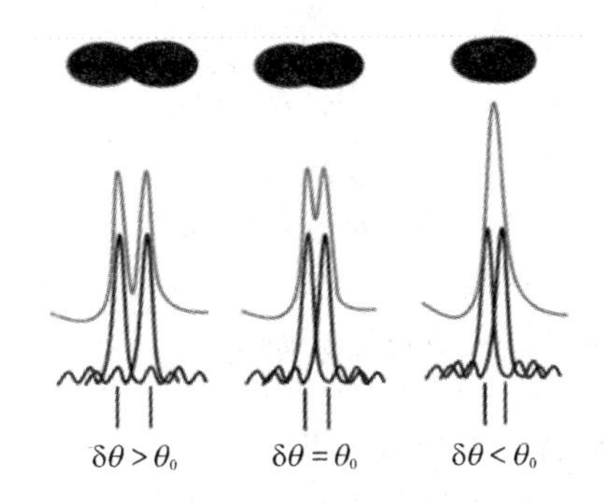

图 23-12　瑞利判据

根据瑞利判据，由圆孔夫琅禾费衍射爱里斑半角宽度公式可知，光学系统最小分辨角满足：

$$\delta\theta=\theta_0=1.22\frac{\lambda}{D} \tag{23-6}$$

通常，光学仪器的分辨本领(也称分辨率)R定义为最小分辨角的倒数：

$$R=\frac{1}{\delta\theta}=\frac{D}{1.22\lambda} \tag{23-7}$$

由上式可知，光学仪器最小分辨角是由光的波动性决定的，因此该分辨极限是不可避免的。

二、测试题

1. 惠更斯引进________的概念提出了惠更斯原理，菲涅耳再用________的思想补充了惠更斯原理，发展成了惠更斯-菲涅耳原理。

2. 平行单色光垂直入射于单缝上，观察夫琅禾费衍射，若屏上P点处为第二级暗纹，则单缝处波面相应地可划分为________个半波带，若将单缝缩小一半，P点将是________级________纹，若衍射角φ增加，则单缝被分的半波带数________，每个半波带的面积________(与4个半波带时的面积相比)，相应明纹亮度________。

3. 波长为λ的单色平行光，经圆孔(直径为D)衍射后，在屏上形成同心圆形状(或圆环)的明暗条纹，中央亮斑叫________，根据瑞利判据，圆孔的最小分辨角$\delta\varphi$=________。

4. 通常亮度下，人眼瞳孔直径约为3 mm，人眼的最小分辨角________。远处两根细丝之间的距离为2.0 mm，离开________恰能分辨。(人眼视觉最敏感的黄绿光波长λ=550 nm)

5. 设有白光形成的单缝夫琅禾费衍射图样，若其中某一光波的第3级明纹和红光(λ=600 nm)的第二级明纹相重合，求这一光波的波长。

6. 如图23-13所示，设有一波长为λ的单色平面波沿着与缝面的法线成ϕ角的方向入射于宽为a的单狭缝AB上，试求出决定各极小值的衍射角ϕ的条件。

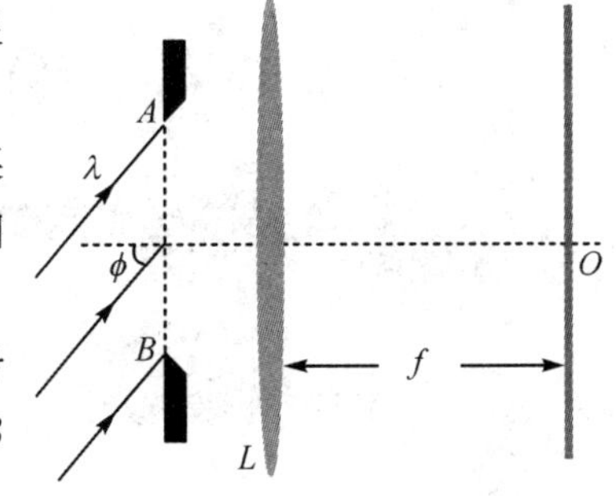

图 23-13　测试题6图

三、研讨与实践

1. 阅读材料——有关显微镜的演变历史

1590年的某一天，荷兰眼镜工匠詹森的儿子偶然间发现把两个凸透镜前后放置，远处的物体会突然间放大了好几倍。偶然间的发现并不能替代科学上的发明，机遇总是偏爱有准备的头脑。詹森父子抓住这个偶然的机会，制造出了世界上第一台显微镜，通过它可以看到昆虫的幼虫。荷兰人列文虎克制造出了300倍的显微镜，并将其致力于实际的应用，譬如首次观察到了牙齿中的细菌，自此以后，为了防止细菌对人体的感染，人类开始刷牙。

1）光学显微镜

通过网络，查看“三星堆遗址现场挖掘网络直播”的相关视频。

【讨论1】很多出土文物在被发掘后的第一时间使用了很多高科技的手段进行初步的探测和观察，这大大提高了我国考古工作的科技含量。构成显微镜的基本单元是什么？人眼观看的镜子叫什么？正对文物的镜子叫什么？请估算一下图23-14中的显微镜的放大倍数是多少？此放大倍数是不是越大越好？

【讨论2】举例说明光学显微镜在我们日常生活以及工程领域中都有哪些应用。

【讨论3】通过查阅文献资料，了解光学显微镜的发展历程。这也是一段关于人类不断提高光学仪器分辨本领的历史。如何衡量光学显微镜的分辨能力？大学物理实验室中光学读数显微镜的分辨能力大致为多少？

【讨论4】光学显微镜的放大极限是多少？通过查阅文献资料，了解都有哪些方法可以提高光学显微镜的放大倍数？相应都研发出了哪些新型的光学显微镜？

2）电子显微镜

1897年，人类首次发现电子。直到1931年，第一台电子显微镜才真正问世。电子源是由一个释放自由电子的阴极、栅极、一个环状加速电子的阳极共同构成的。阴极和阳极之间的电压差非常高，它能发射并形成速度均匀的电子束。电子显微镜可用于诊断疑难肿瘤、细菌、病毒等，在物理、化学、医学界都起到了至关重要的作用。图23-14所示为电子显微镜及由其观测到的1 mm的胡椒粉颗粒。

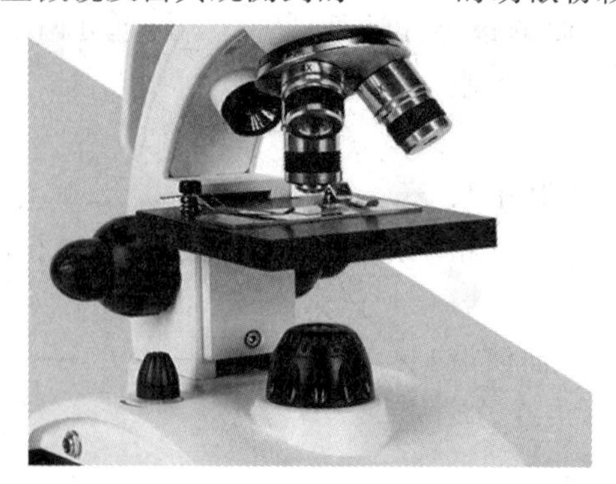

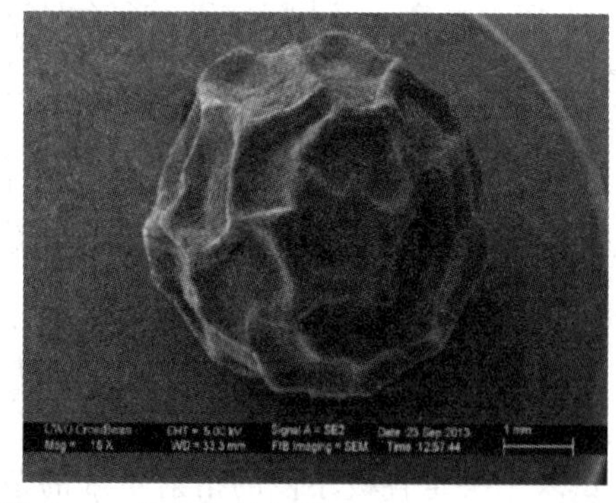

图23-14　电子显微镜下观测到的1 mm的胡椒粉颗粒

【讨论 5】光学显微镜和电子显微镜最大的区别是什么？它们的分辨能力如何？

【讨论 6】如何计算电子显微镜的分辨率？

【讨论 7】依据光学显微镜通常使用凸透镜来使光束聚焦的原理，请阐述电子显微镜的聚焦原理。通过比较两者焦点的特征，阐述在显微镜的结构设计中会有何不同的体现。

【讨论 8】请结合高中物理知识，判断是否可以通过磁场制造电子显微镜，并说明理由。

3）场离子(发射)显微镜

1951 年，Müller 发明了场离子(发射)显微镜，如 23－15 所示。他将样品先处理成针状，工作时先将球形容器抽真空，然后通入一定大气压的成像气体，例如惰性气体氦。在样品加上足够高的电压时，气体原子发生极化和电离，荧光屏上即可显示尖端表层原子的清晰图像，图像中每一个亮点都是单个原子的像。场离子(发射)显微镜是最先达到原子分辨率的显微镜。

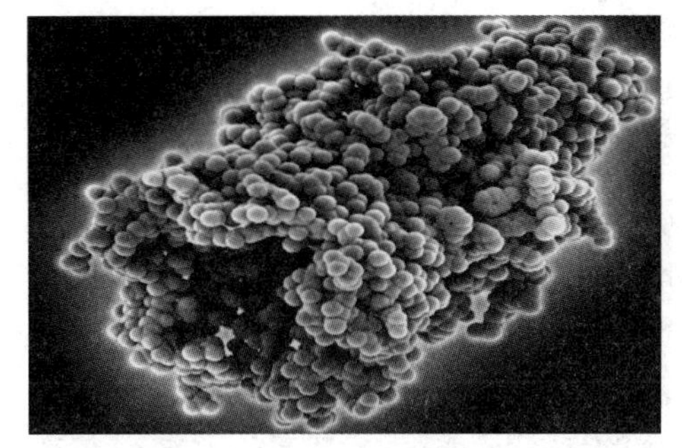

图 23－15　场离子(发射)显微镜

【讨论 9】请解释场离子显微镜成像的物理原理。

2. 阅读材料——有关望远镜历史的资料

天文学的研究需要用到望远镜和电磁学理论。1609 年，伽利略发明了折射式望远镜。19 世纪 30 年代，英国物理学家法拉第发现了电磁感应现象，麦克斯韦提出了电动力学理论，使得探索宇宙空间的理论向前推进了一大步。麦克斯韦革命性地引入位移电流，表明了电磁场地空间传播速度是光速。19 世纪末，德国物理学家赫兹验证了电磁波的存在，发明了发射天线，奠定了无线电技术的基础，为天文观测带来了福音。1932 年，美国的卡尔・央斯基第一次将无线电技术应用于观测宇宙，发现来自银河系中心的射电辐射。1937 年，第一架口径 9.5 米的射电天文望远镜建成。1951 年，哈佛大学物理系研究生欧文自行搭建了一套电子学设备，第一次观测到了来自宇宙的原子氢气的辐射。1963 年，美国建成阿雷西博望远镜。1994 年，我国南仁东等老一辈天文学家提出了建设“中国天眼”的构想，2007 年，科技部立项，2011 年开工建设。2016 年，中国在贵州制造出了世界上口径最大、最灵敏的射电望远镜——“中国天眼”(FAST)。FAST 口径达 500 米，如图 23－16 所示。总设计师南仁东为此献出了宝贵的生命。“中国天眼”从建设构想的提出到最终建成，前后经历了 22 年的时间，2020 年正式投入使用。同年，阿雷西博望远镜因发生故障未及时抢修而坍塌了，结束了它传奇的一生。2021 年 3 月 31 日，FAST 正式对全球科学界开放。2019 年，FAST 的研究成果入选中国十大科学进展。截至 2022 年 7 月，FAST 已经发现了 660 余颗脉冲星，是同一时期国际上所有射电望远镜发现脉冲星总数的 5 倍以上。在科研方面，按照科学目标和战略规划，FAST 确立了多个优先和重大项目。在实际应用方面，FAST 可帮助进行近天体预警，与主动雷达配合，能够观测到地球同步轨道上 50 毫米范围内的物体。射电望远镜已经发展了 90 多年，想要获得更多更详尽的天文学数据，就需要有更大接收面积的射电望远镜，更大的接收面积，意味着会有更强的暗、弱信号探测能力，能够提高发现奇特天文现象的概率。为了追溯宇宙更遥远的历史，建设更大口径的望远镜，一直以来都是科学家们永无止境的追求。FAST 已经完成银河 2900 平方度区域的高清探测。“We will carry on”，人类对宇宙的探索永远不会停下脚步。

2021 年圣诞节，美国将历时 25 年耗资约 100 亿美元建造的韦伯太空望远镜投入太空使用，“韦伯”最吸人眼球的是那 18 面金光闪闪的六边形主镜。这是一面直径 6.5 米的镀金铍质反射镜，总面积达到 25.4 平方米，是“哈勃”的 6 倍以上，如图 23－17 所示。请阐述一下各国为了探索宇宙起源的奥秘做出的诸如此类的长期的基础科学的研究意义。

图 23－16　中国天眼

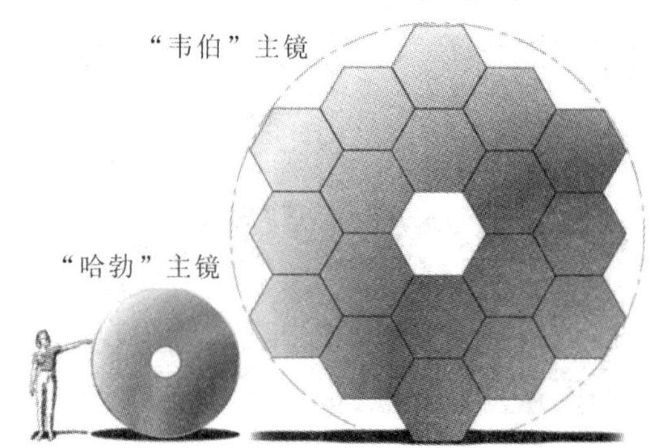

图 23－17　“哈勃”与“韦伯”主镜对比示意图

3. 阅读材料——有关突破光学衍射极限的超分辨成像技术——结构光照明显微技术

利用二维结构光照明可将高频样品信息进行编码，形成莫尔条纹（如图 23－18 所示）。通过图像重构技术，又可将样品的高频信息重现，从而实现突破衍射极限的超分辨成像。利用多束光干涉法，可将二维结构光照明成像扩展到三维成像领域。目前已经实现横向 100 nm、轴向 200 nm 左右的分辨率。

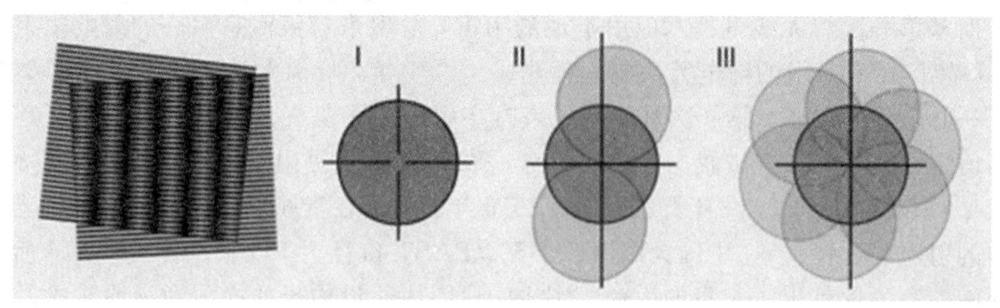

图 23－18　结构光照明超分辨原理图

【讨论 1】请尝试利用手机和电脑显示屏演示出莫尔条纹。

【讨论 2】通过两套莫尔条纹的重叠可产生第三套完全不同的莫尔条纹。请尝试阐述莫尔条纹在光学领域的应用。

【讨论 3】请尝试阐述利用多光束干涉实现三维超分辨成像的物理机理。

【讨论 4】利用阿贝衍射极限和瑞利判据估算光学显微镜的分辨本领。

1873 年，光学镜头蔡司公司的德国物理学家和数学家阿贝发现：标本图像是由许多重叠的、多强度且存在衍射极限的艾里斑组成的。阿贝定义了数值孔径：

$$\mathrm{NA}=n\sin(\alpha)$$

式中：n 为折射率；α 是物镜孔径角的一半。

横向(即 XY)分辨率的阿贝衍射公式为

$$d=\frac{\lambda}{2\mathrm{NA}}$$

式中：λ 是光波长。

理想光学显微镜的横向分辨率限制在 200 nm 左右。

轴向(即 Z)分辨率的阿贝衍射公式为

$$d=\frac{2\lambda}{\mathrm{NA}\times\mathrm{NA}}$$

理想光学显微镜的轴向分辨率约为 500 nm。

在阿贝衍射极限的基础上，瑞利判据修正为

$$R=\frac{1.22\lambda}{\mathrm{NA}_{\mathrm{obj}}\times\mathrm{NA}_{\mathrm{cond}}}$$

式中：λ 为光波长；$\mathrm{NA}_{\mathrm{obj}}$ 为物镜 NA；$\mathrm{NA}_{\mathrm{cond}}$ 为聚光镜 NA。

【讨论 5】请尝试描述决定爱里斑(如图 23-19 所示)直径的物理量有哪些？

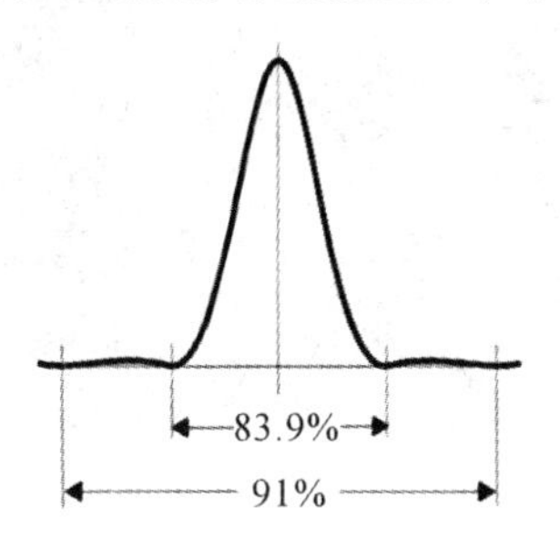

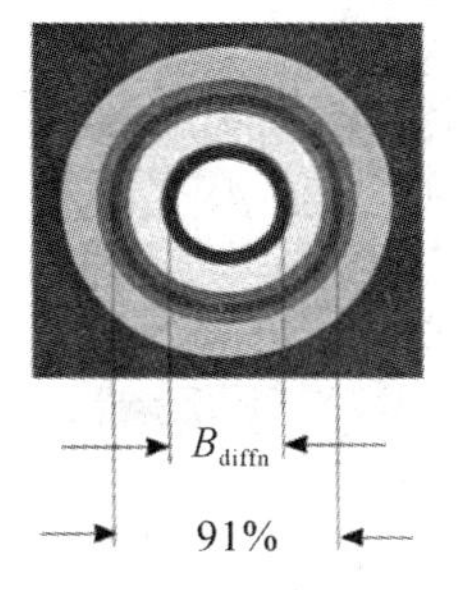

图 23-19　爱里斑

单元24　光的衍射(2)

——光栅衍射

一、知识要点

1. 透射光栅

透射光栅是由大量等宽等间距的平行狭缝组成的光学元件，且狭缝透光，缝间不透光。如图24－1所示，设不透光部分宽度为b，透光部分宽度为a，则$d=a+b$为相邻两缝间的距离，叫作光栅常数。实际的光栅通常在1 cm内刻制有成千上万条平行狭缝。

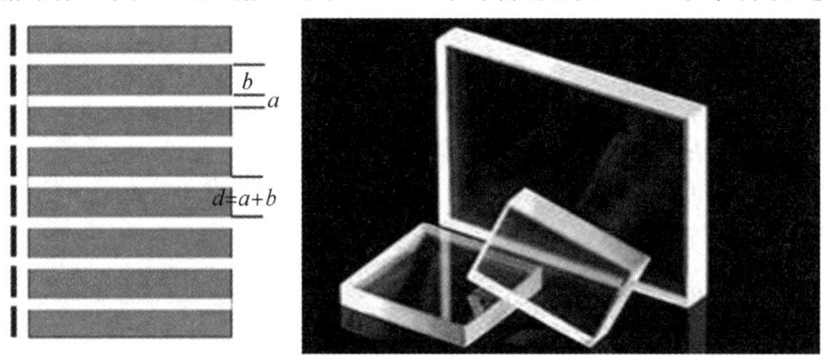

图24－1　透射光栅示意图及常见的光栅

2. 光栅方程

当平行单色光垂直照射光栅时，每个缝均向各方向发出衍射光，发自各缝具有相同衍射角φ的一组平行光都会聚于屏上同一点P，如图24－2所示，这些光波叠加彼此产生干涉，称多光束干涉。在衍射角φ的方向上，任意相邻两个缝发出的光到达屏幕上P点的光程差均为$d\sin\varphi$，若

$$d\sin\varphi=(a+b)\sin\varphi=\pm k\lambda，k=0，1，2，\cdots \quad (24-1)$$

则其他任意两缝沿该方向发出的光达到屏上的光程差也一定是λ的整数倍，于是，各缝沿该方向射

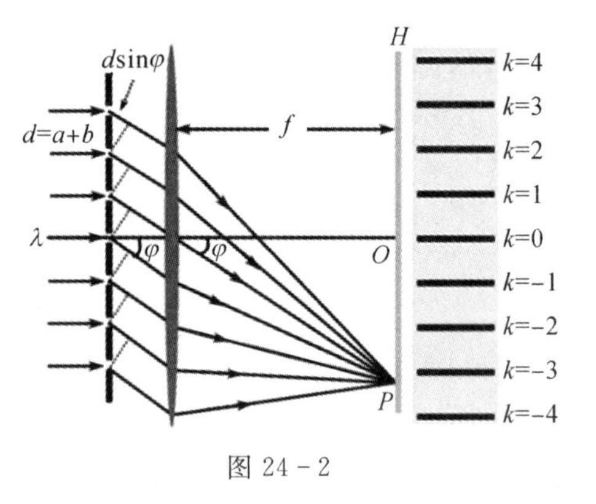

图24－2

出的衍射光在屏上会聚时均相互加强，形成干涉明条纹。

3. 缺级现象

光栅衍射的不同位置的主极大是来源于各个狭缝的不同方向的衍射光的干涉加强，即光栅方程所决定的各干涉主极大条纹要受到单缝衍射的调制。

在满足单缝衍射暗纹中心条件

$$a\sin\varphi=\pm 2k'\cdot\frac{\lambda}{2},\ k'=1,\ 2,\ \cdots \tag{24-2}$$

的衍射方向，恰好同时满足干涉主极大条件，即光栅方程式 24－1 时，对应于该衍射角 φ 的主极大条纹并不出现，这称为光谱线的缺级现象。

由式(24－1)和式(24－2)可知，缺级的主极大级次满足

$$k=\frac{a+b}{a}k' \tag{24-3}$$

4. 光栅衍射图

在研究光栅衍射图样时，除考虑缝间干涉外，还必须考虑单缝的衍射，即光栅衍射是干涉和衍射的综合结果。例如，当$(a+b)=3a$ 时，缺级的级数为 $k=3,6,9,\cdots$，见图 24－3。

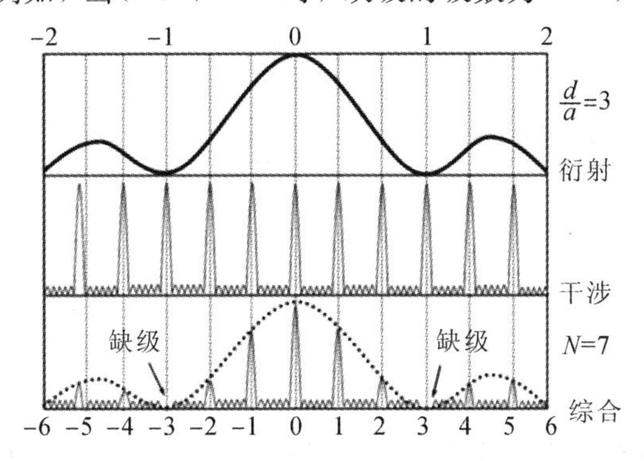

图 24－3　光栅衍射的综合结果

5. 光栅光谱仪、色散率、分辨率

20 世纪上半叶，人们对氢原子光谱的研究结果在量子论的发展中起到了重要的作用。事实上，氢原子的每一条谱线都不是一条单独的线，而是具有非常精细的结构，用普通的光谱仪器很难分辨，因而很容易被当成一条线。而光栅光谱仪具有高精度分光能力，可以很好地将氢原子的谱线分开，从而实现分析氢原子结构的目的。图 24－4 是光栅光谱及光栅光谱仪的光路图。

当复色光入射时，除零级外各波长的衍射亮条纹会分开，各色同级亮条纹分开的程度可用光栅的色散来表示，定义如下：

角色散：

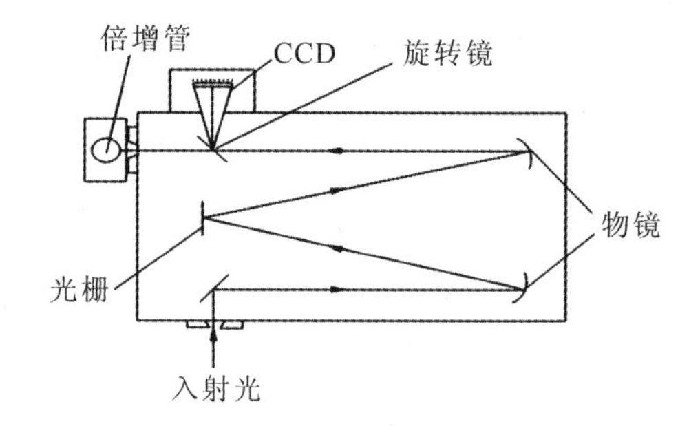

图 24-4　光栅光谱及光栅光谱仪的光路图

$$\frac{d\varphi}{d\lambda}=\frac{k}{d\cos\varphi} \quad （弧度/埃）$$

当 φ 较小时，

$$\frac{d\varphi}{d\lambda}\approx\frac{k}{d}$$

线色散：

$$\frac{dl}{d\lambda}=\frac{d\varphi}{d\lambda}f\approx\frac{k}{d}f \quad （毫米/埃）$$

可见光栅的色散与入射波长无关，它仅取决于光栅常数 d 和亮线级次 k。

光栅的色分辨本领用波长 λ 与它附近能被分辨的最小波长差 $\Delta\lambda$ 的比值来表示，即

$$R=\frac{\lambda}{\Delta\lambda}=kN \tag{24-4}$$

式中：k 是光谱级次；N 是光栅的总缝数，可见，光栅的色分辨本领与光谱级次和光栅的总缝数都有关。

二、测试题

1. 一束平行单色光垂直入射在光栅上，当光栅常数$(a+b)$为下列哪种情况时(a 代表每条缝的宽度)，$k=3, 6, 9, \cdots$等级次的主极大均不出现？【　　】

A. $a+b=2a$　　B. $a+b=3a$

C. $a+b=4a$　　D. $a+b=6a$

2. 若用衍射光栅准确测定一单色光的波长，在下列各种光栅常数的光栅中选用哪一种最好？【　　】

A. 1.0×10^{-1} mm　　B. 5.0×10^{-1} mm

C. 1.0×10^{-2} mm　　D. 1.0×10^{-3} mm

3. 白光垂直照射在一光栅上，同一级光栅光谱中，偏离中央明纹最远的是【　　】。

A. 紫光　　B. 绿光　　C. 黄光　　D. 红光

4. 设光栅平面、透镜均与屏幕平行，则当入射的平行单色光从垂直于光栅平面入射变为斜入射时，能观察到的光谱线的最高级数 k【　　】。

A. 变小　　B. 变大　　C. 不变　　D. 无法确定

5. 以氢放电管发出的光垂直照射到某光栅上，在衍射角 $\varphi=41°$ 的方向上看到 $\lambda_1=656.2$ nm和 $\lambda_2=410.1$ nm 的谱线相重合，则光栅常数最小是 $d=$________。

6. 波长为 $\lambda=600$ nm 的单色光垂直入射到光栅上，测得第 2 级主极大的衍射角为30°，且第三级缺级，问：

(1) 光栅常数 d 是多少？

(2) 透光缝可能的最小宽度 a 是多少？

7. 在单缝夫琅禾费衍射实验中，垂直入射的光有两种波长：$\lambda_1=400$ nm，$\lambda_2=760$ nm。已知单缝宽度 $a=1.0\times10^{-2}$ cm，透镜焦距 $f=50$ cm，求两种光第一级衍射明纹中心之间的距离。

若用光栅常数 $d=1.0\times10^{-3}$ cm 的光栅替换单缝，其他条件相同，求两种光第一级主极大之间的距离。

三、研讨与实践

1960 年，梅曼制造出第一台激光器。为了获得极高的峰值功率，科学家不仅需要缩短激光脉冲的时间尺度，同时还需不断放大激光脉冲的能量。2018 年，诺贝尔物理学奖授予给了首次提出啁啾脉冲放大技术(简称 CPA 技术)的两位科学家。CPA 技术大幅度提高了激光的输出功率，其技术原理图如图 24－5 所示。为产生高强度激光提供了可靠的方案并为阿秒光脉冲的出现铺平了道路。2023 年，诺贝尔物理学奖授予给了首次获得阿秒光脉冲的三位科学家。超短光脉冲有助于提高人们观察微观粒子高速运动的时间分辨率，可以捕捉电子移动或能量变化的快速过程。

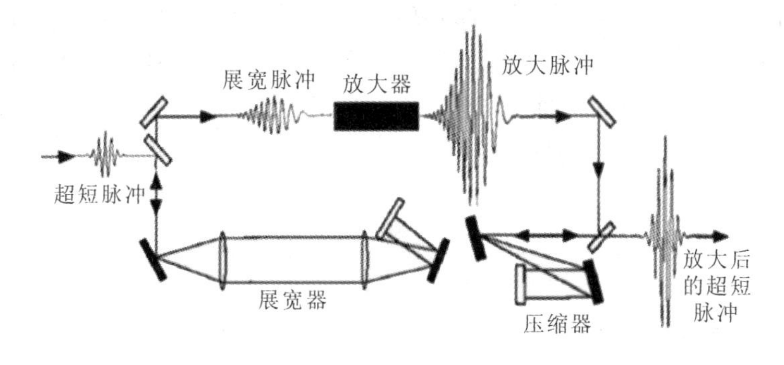

图 24－5　CPA 技术原理图

1. CPA 技术

开展关于 2018 年物理学奖——啁啾脉冲放大(CPA)技术的相关文献调研，并回答以下问题：

(1) 若想拍摄瞬间过程的图像，则需要采用响应时间为秒(s)、毫秒(ms)、微秒(μs)、纳秒(ns)、皮秒(ps)、飞秒(fs)、阿秒(as)等量级的摄像装置。请问能够拍摄扇动翅膀的蜂鸟的摄像装置的响应时间是多少?

(2) 如何获得超短(飞秒及以上)光脉冲? 请尝试阐述飞秒激光技术在眼科手术中的作用。

(3) 光栅在啁啾脉冲放大技术中起了什么作用?

2. 高强度激光与物质的相互作用

利用高强度激光与物质的相互作用可以产生只有在恒星内核或黑洞附近才能观察到的极端物理条件:极高的温度(10^{10}开氏度)、极强的磁场(10^9高斯)和极大的粒子加速度(相当于地球上重力加速度的10^{25}倍)。激光强度的演化历程如图 24-6 所示。

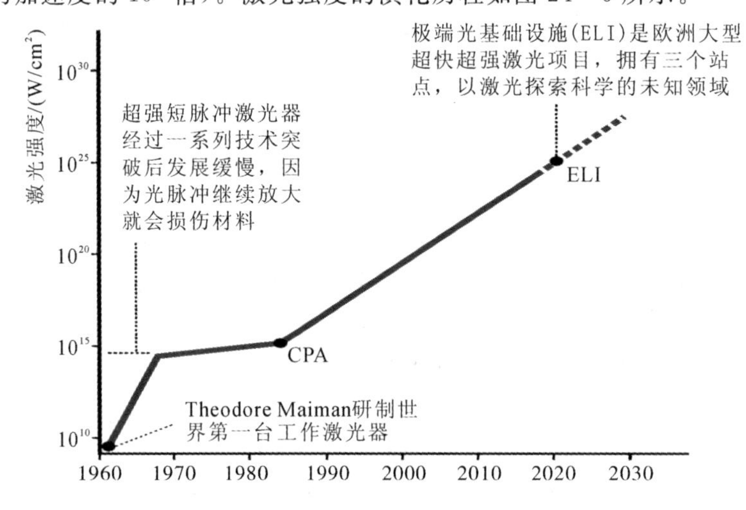

图 24-6 激光强度的演化历程

【讨论 1】通过网络调研查阅与“惯性约束聚变的点火装置”相关的文献和资料。

【讨论 2】根据汽车发动机中火花塞的工作原理，尝试解释利用一台小型的超高能量 CPA 激光器对一个超短离子脉冲进行加速，使之撞到内爆的燃料丸上的工作原理。

单元25　光的偏振

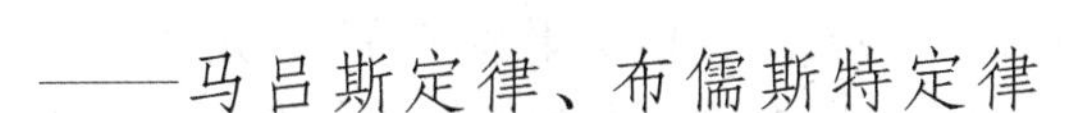

——马吕斯定律、布儒斯特定律

一、知识要点

1. 光的偏振性

光是电磁波，电磁波为横波，电场强度矢量 $\boldsymbol{E}$ 和磁感应强度矢量 $\boldsymbol{B}$ 的振动方向与波的传播方向垂直，具有偏振性。

2. 光的偏振状态

（1）线偏振光。

如果光矢量始终沿某一方向振动，这样的光就称为线偏振光。由于线偏振光的光矢量保持在固定的振动面内，所以线偏振光又称为平面偏振光。

（2）自然光。

在垂直于光传播方向的平面上看，光矢量各向分布均匀、振幅相等，是非偏振的。各方向的光矢量是不相干的。可以沿任意两个相互垂直的方向，将自然光分解为两个相互独立的、等振幅的线偏振光，光强各自等于自然光光强的一半。

（3）部分偏振光。

部分偏振光的光矢量在某一方向的振动比与之相垂直方向上的振动占优势。部分偏振光可以看作线偏振光和自然光的混合。

3. 线偏振光的起偏与检偏

（1）偏振片的偏振化方向。

偏振片基本上只允许某一特定方向的光振动通过，从而可以获得线偏振光。这个透光方向称为偏振片的偏振化方向或透振方向，也叫透光轴。

（2）起偏和检偏。

从自然光获得偏振光的过程称为起偏。检验偏振光的过程称为检偏。如果一束自然光垂直照射到两个平行放置的偏振片，则当两个偏振片的偏振化方向平行时，透射光的光强最大；当两个偏振片的偏振化方向垂直时，透射光的光强最小，近似为零，这种现象称为“消光”现象。“消光”现象说明入射到第二个偏振片的光为线偏振光。此时，自然光经过第一个偏振片后起偏，第一个偏振片为起偏器，第二个偏振片为检偏器。

4. 马吕斯定律

线偏振光通过偏振片的光强变化规律遵守马吕斯定律。

设入射线偏振光的光矢量振动方向和偏振片偏振化方向的夹角为 α，如图 25－1 所示，P 为偏振片的偏振化方向，A_0 为入射光的振幅，入射光沿偏振片的偏振化方向的平行方向和垂直方向分解，得到平行分量 A 和垂直分量 A'。马吕斯定律指出：强度为 I_0 的线偏光，透过检偏片后，在不考虑器件对光的吸收的情况下，透射光的光强 I 可表示为

$$I=I_0\cos^2\alpha \tag{25-1}$$

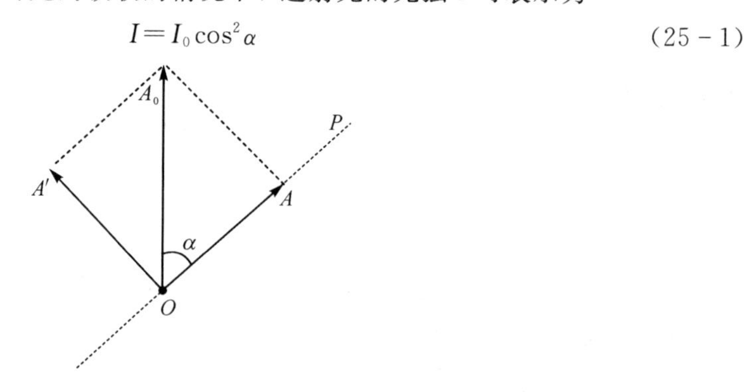

图 25－1　马吕斯定律示意图

5. 反射光和折射光的偏振

（1）当自然光从折射率为 n_1 的各向同性介质入射到折射率为 n_2 的各向同性介质时，反射光和折射光一般都是部分偏振光，反射光是垂直于入射面的振动较强的部分偏振光，折射光是平行于入射面的振动较强的部分偏振光。

（2）布儒斯特定律：当入射角为布儒斯特角 i_0，且满足

$$\tan i_0=\frac{n_2}{n_1} \tag{25-2}$$

时，反射光为线偏振光，光矢量的振动方向垂直于入射面。布儒斯特角 i_0 也称为起偏角。当入射角为布儒斯特角(起偏角)i_0 时，入射角和折射角之和为$\frac{\pi}{2}$，即反射光与折射光垂直。

6. 双折射现象

（1）o 光和 e 光。

当一束光入射到各向异性晶体时，通常会产生两束折射光，这种现象称为双折射现象。在双折射现象中，一束称为寻常光(o 光)，另一束称为非寻常光(e 光)，两束光都是线偏振光。

（2）晶体的光轴。

双折射晶体内存在着一个特殊方向，光沿这个方向传播时不产生双折射，o 光和 e 光重合，在该方向 o 光和 e 光传播速度相等，折射率相等。这个特殊的方向称为晶体的光轴。

只有一个光轴的晶体称为单轴晶体，如方解石、石英等；有两个光轴的晶体称为双轴晶体，如云母等。

(3) 光线的主平面。

晶体中某条光线与晶体的光轴组成的平面称为该光线的主平面。o 光的振动方向垂直于与它对应的主平面，e 光的振动方向平行于与它对应的主平面内。

二、测试题

1. 在双缝干涉实验中，用单色自然光在屏上形成干涉条纹。若在两缝后放一个偏振片，则【　　】。

A. 干涉条纹间距不变，且明纹亮度加强

B. 干涉条纹间距不变，但明纹亮度减弱

C. 干涉条纹的间距变窄，且明纹的亮度减弱

D. 无干涉条纹

2. 光强为 I_0 的自然光依次通过两个偏振片 P_1 和 P_2，P_1 和 P_2 的偏振化方向的夹角 $\alpha=30°$，则透射偏振光的强度 I 是【　　】。

A. $\dfrac{I_0}{4}$　　B. $\dfrac{\sqrt{3}}{4}I_0$　　C. $\dfrac{\sqrt{3}}{2}I_0$　　D. $\dfrac{I_0}{8}$　　E. $\dfrac{3I_0}{8}$

3. 如图 25-2 所示，一束自然光自空气射向一块平玻璃，设入射角等于布儒斯特角 i_0，则在界面 2 的反射光是【　　】。

A. 自然光

B. 完全偏振光且光矢量振动方向垂直于入射面

C. 完全偏振光且光矢量振动方向平行于入射面

D. 部分偏振光

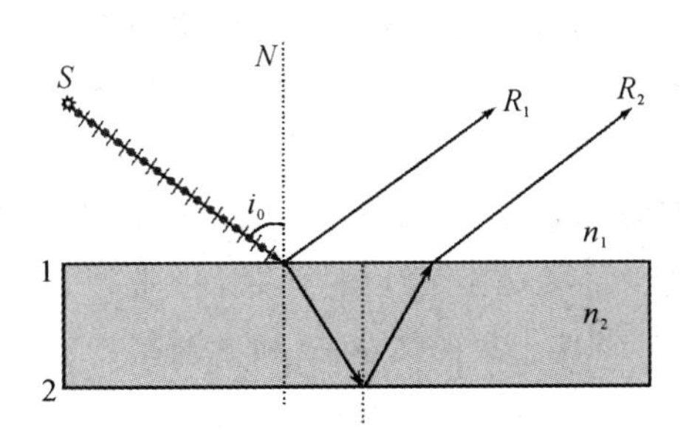

图 25-2　测试题 3 图

4. 一束自然光自水中入射到空气界面上，若水的折射率为 1.33，空气的折射率为 1.00，则布儒斯特角等于________。

5. 如图 25-3 所示，$ABCD$ 为一块方解石的一个截面，AB 为垂直于纸面的晶体平面与纸面的交线，光轴方向在纸面内且与 AB 成一锐角 θ，一束平行的单色自然光垂直于 AB

端面入射，在方解石内，折射光分解为 o 光和 e 光，o 光和 e 光的【　　】。

A. 传播方向相同，电场强度的振动方向互相垂直

B. 传播方向相同，电场强度的振动方向不互相垂直

C. 传播方向不同，电场强度的振动方向互相垂直

D. 传播方向不同，电场强度的振动方向不互相垂直

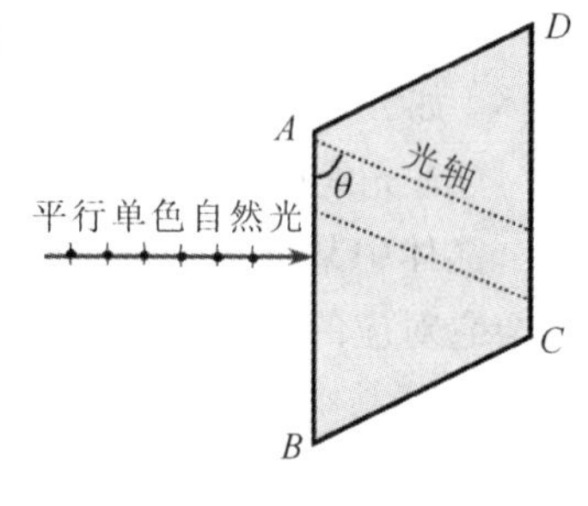

图 25－3　测试题 5 图

三、研讨与实践

阅读以下材料，并通过查阅文献详细了解与光的偏振特性相关的科学研究。

1. “中国天眼”精细刻画射频宇宙偏振特征

近年来，中国科学院国家天文台 FAST(“中国天眼”)李菂团队首次发现了两个活跃重复快速射电暴 FRB20121102A 和 FRB20190520B 的圆偏振辐射特征。

快速射电暴是宇宙中射电波段最强烈的爆发现象，其在毫秒量级的时标内可以释放太阳一天、一月甚至一年的能量，与之对应的辐射机制与起源则尚未可知。绝大多数快速射电暴只有一次探测，能观测到重复爆发的不到 5%，其中不到 10 例相对活跃。FAST 进一步系统地精细刻画动态宇宙的射频偏振特征，将加深人们对于快速射电暴辐射机制的了解，有望最终揭示这一神秘天体物理现象的起源。

偏振作为电磁波的基本属性之一，携带着光源本征的辐射特征以及光线传播环境的关键信息。一般的光源都属于非偏振光，比如白炽灯、太阳和大多数恒星。而在几乎所有重复爆发的快速射电暴中都曾探测到线偏振，但圆偏振较为罕见，此前只有一例重复快速射电暴 FRB20201124A 中有圆偏振的报道。FRB20121102A 是第一例被发现的重复快速射电暴。FRB20190520B 是“中国天眼”CRAFTS 巡天发现的首例持续活跃重复快速射电暴。作为数百例快速射电暴中仅有的两个拥有射电持续源的爆发源，它们可能代表了特殊的起源或者特殊的演化阶段。通过深度监测，“中国天眼”捕获到两源的极端活跃期，为精细刻画射频宇宙偏振特征积累了大量宝贵观测数据。

李菂团队系统分析了活跃重复暴 FRB20121102A 和 FRB20190520B 的观测数据，发现两个重复暴均有不到 5%的少量爆发存在圆偏振辐射特征，圆偏振度最高可达 64%。相关研究成果于 2022 年 12 月 26 日作为封面文章在《科学通报》(*Science Bulletin*)上发表。

2. 偏振成像技术

偏振成像技术将传统探测技术与偏振原理相结合，不仅可以获得入射光强图像，还可以得到目标物不同起偏方向的偏振图像、偏振度图像、偏振角图像、光谱和外部轮廓等丰富的实效信息，来增强对目标物的探测和识别能力，在工业检测、生物医学、地球遥感、现代军事、航空以及海洋等领域具有重要的应用价值。

偏振成像技术方面的研究开始于 20 世纪 70 年代，最早开展相关研究的国家有美国、英国、以色列和日本等，其中美国的偏振成像技术在全球处于领先地位。近几十年，我国在偏振成像理论和偏振成像理论技术方面的研究也日趋成熟，取得了不少研究成果。为满足市场对高分辨率、高准确度的偏振成像设备日益增长的需求，国内的产业集团与科研单位积极合作，研发具有自主知识产权、高精度和高分辨率的偏振成像仪器，这对我国的军事和民用领域都具有重大意义。

【讨论 1】偏振成像技术在军事及民用领域都有着哪些重要的应用？

【讨论 2】偏振成像技术相比于传统探测技术有哪些优势？

【讨论 3】近几十年，国内哪些科研单位开展了偏振成像技术的研究？取得了哪些研究成果？

【讨论 4】多个偏振片的组合可以实现对透射光强的连续调节，请查阅文献了解偏振片的组合有哪些应用？请设计一个实验方案，制作可以实时改变光强的智能窗帘。

单元 26　相对论(1)

——洛伦兹变换、狭义相对论的时空观

一、知识要点

1. 狭义相对论基本原理

光速不变原理：真空中的光速为一恒量，与惯性系的选取无关。

狭义相对性原理：一切惯性系对物理规律都是等价的。

2. 洛伦兹变换

两个惯性系 S 和 S'，S'系相对于 S 系做沿 x 轴正方向的速率为 v 的匀速直线运动，取原点 O 与 O'重合时作为零时刻点，某事件 P 在两参考系中的时空坐标分别为(x, y, z, t)、(x', y', z', t')，这两套坐标满足洛伦兹变换关系：

$$\begin{cases} x'=\dfrac{x-vt}{\sqrt{1-\dfrac{v^2}{c^2}}} \\ y'=y \\ z'=z \\ t'=\dfrac{t-\dfrac{v}{c^2}x}{\sqrt{1-\dfrac{v^2}{c^2}}} \end{cases} \tag{26-1}$$

洛伦兹坐标逆变换为

$$\begin{cases} x=\dfrac{x'+vt'}{\sqrt{1-\dfrac{v^2}{c^2}}} \\ y=y' \\ z=z' \\ t=\dfrac{t'+\dfrac{v}{c^2}x'}{\sqrt{1-\dfrac{v^2}{c^2}}} \end{cases} \tag{26-2}$$

现在考察两个事件 P_1 和 P_2 之间的时间和空间间隔。在 S 系中，两事件的坐标分别为 (x_1, y_1, z_1, t_1) 和 (x_2, y_2, z_2, t_2)，时空间隔的各分量为 $\Delta t = t_2 - t_1$，$\Delta x = x_2 - x_1$，$\Delta y = y_2 - y_1$，$\Delta z = z_2 - z_1$。在 S' 系中，两事件坐标为 (x_1', y_1', z_1', t_1') 和 (x_2', y_2', z_2', t_2')，时空间隔分量为 $\Delta t' = t_2' - t_1'$，$\Delta x' = x_2' - x_1'$，$\Delta y' = y_2' - y_1'$，$\Delta z' = z_2' - z_1'$。根据洛伦兹变换，得

$$\begin{cases} \Delta x' = \dfrac{\Delta x - v\Delta t}{\sqrt{1-\dfrac{v^2}{c^2}}} \\ \Delta y' = \Delta y \\ \Delta z' = \Delta z \\ \Delta t' = \dfrac{\Delta t - \dfrac{v}{c^2}\Delta x}{\sqrt{1-\dfrac{v^2}{c^2}}} \end{cases} \tag{26-3}$$

根据洛伦兹逆变换得

$$\begin{cases} \Delta x = \dfrac{\Delta x' + v\Delta t'}{\sqrt{1-\dfrac{v^2}{c^2}}} \\ \Delta y = \Delta y' \\ \Delta z = \Delta z' \\ \Delta t = \dfrac{\Delta t' + \dfrac{v}{c^2}\Delta x'}{\sqrt{1-\dfrac{v^2}{c^2}}} \end{cases} \tag{26-4}$$

3. 狭义相对论的时空观

设有两个惯性系 S 和 S'，S' 系相对于 S 系作沿 x 轴正方向的速率为 u 的匀速直线运动。

1)“同时”的相对性

两个事件在一个惯性系中是同时发生的，在相对于此惯性系运动的另一惯性系中就可能不是同时发生的。下面分四种情况讨论：

(1) 在 S 系中，两个事件是同时、不同地点发生的，即 $\Delta t = 0$，$\Delta x \neq 0$，由式(26-3)可得

$$\Delta t' = \frac{\Delta t - \dfrac{u}{c^2}\Delta x}{\sqrt{1-\dfrac{u^2}{c^2}}} = -\frac{\dfrac{u}{c^2}\Delta x}{\sqrt{1-\dfrac{u^2}{c^2}}} < 0$$

在 S' 系中，两个事件一定不同时发生。

(2) 在 S 系中，两个事件是既不同时也不在同一地点发生的，即 $\Delta t \neq 0$，$\Delta x \neq 0$，则在 S' 系中，两个事件可能是同时发生的，同时发生的条件为

$$\Delta t'=\frac{\Delta t-\frac{u}{c^2}\Delta x}{\sqrt{1-\frac{u^2}{c^2}}}=0\Rightarrow\Delta t=\frac{u}{c^2}\Delta x$$

(3) 在 S 系中，两个事件是同时并在同一地点发生的，即 $\Delta t=0$，$\Delta x=0$，则在 S'系中，两个事件一定同时发生，即 $\Delta t'=0$。

(4) 因果性不变。在 S 系中两个事件如果存在因果关系，则在 S'系中这两个事件保持这种因果关系。

2）时间延缓效应

在 S'系中，同一地点($\Delta x=0$)发生的两个事件的时间间隔为 $\Delta t'$($\Delta t'\neq 0$)，在 S 系中，测得这两个事件的时间间隔为

$$\Delta t=\frac{\Delta t'+\frac{u}{c^2}\Delta x}{\sqrt{1-\frac{u^2}{c^2}}}=\frac{\Delta t'}{\sqrt{1-\frac{u^2}{c^2}}}$$

在 S'系中，同一地点发生的两事件的时间间隔($\Delta t'$)称为固有时(本征时间)。固有时是最短的。

3）长度收缩效应

在 S'系中，一静止的棒固定在 x'轴上，棒的两端坐标分别为 x'_1、x'_2，棒的长度 $L_0=x'_2-x'_1=\Delta x'$，L_0 称为固有长度(本征长度)。

在相对 S'系 x'轴运动的惯性系 S 中，测得棒的长度 $L=\Delta x=L_0\sqrt{1-\frac{u^2}{c^2}}$。在运动的方向上物体的长度缩短了。固有长度最长。

二、测试题

1. 下列几种说法中哪些是正确的？【　　】

(1) 所有惯性系对物理基本规律都是等价的。

(2) 在真空中，光的速度与光的频率、光源的运动状态无关。

(3) 在任何惯性系中，光在真空中沿任何方向的传播速度都相同。

A. 只有(1)、(2)是正确的　　B. 只有(1)、(3)是正确的

C. 只有(2)、(3)是正确的　　D. 三种说法都是正确的

2. 远方的一颗星以 $0.8c$ 的速度离开我们，地球惯性系的时钟测得它辐射出来的闪光按 5 昼夜的周期变化，那么固定在此星上的参照系测得的闪光周期为【　　】。

A. 3 昼夜　　B. 4 昼夜　　C. 6.5 昼夜　　D. 8.3 昼夜

3. 设想从某一惯性系 S′系的坐标原点 O'沿 x'方向发射一光波，在 S′系中测得光速 $u'_x=c$，则光对另一个惯性系 S 系的速度 u_x 应为【　　】。

A. $\frac{2}{3}c$　　B. $\frac{4}{5}c$　　C. $\frac{1}{3}c$　　D. c

4. 一宇宙飞船相对于地面以 $0.8c$ 的速度飞行，一光脉冲从船尾传到船头，飞船上的观察者测得飞船长为 90 m，则地球上的观察者测得脉冲从船尾发出和到达船头两个事件的空间间隔为【　　】。

A. 90 m　　B. 54 m　　C. 270 m　　D. 150 m

5. 宇宙飞船相对地面以匀速度 v 直线飞行，某一时刻宇航员从飞船头部向飞船尾部发出一光信号，经 Δt 时间(飞船上的钟)后传到尾部，则此飞船固有长度为【　　】。

A. $c\Delta t$　　B. $v\Delta t$　　C. $\dfrac{c\Delta t}{\sqrt{1-v^2/c^2}}$　　D. $\sqrt{1-v^2/c^2}\,c\Delta t$

6. 边长为 a 的正方形薄板静止于惯性系 S 的 xOy 平面内，且两边分别与 x、y 轴平行。今有惯性系 S' 以 $0.8c$ 的速度相对于 S 系沿 x 轴做匀速直线运动，则从 S' 系测得薄板的面积为【　　】。

A. a^2　　B. $0.6a^2$　　C. $0.8a^2$　　D. $\dfrac{a^2}{0.6}$

三、研讨与实践

请阅读以下资料，并通过查阅文献了解北斗卫星导航系统的发展历程以及相对论效应的影响。

北斗卫星导航系统(以下简称北斗系统)是我国着眼于国家安全和经济社会发展需要，自主建设、独立运行的卫星导航系统，可为全球用户提供全天候、全天时、高精度的定位、导航和授时服务。

卫星导航技术是当今世界高技术群中对现代社会最具影响力的技术之一，并且已经渗透到国民经济的各个方面，广泛应用于交通运输、基础测绘、工程勘测、资源调查、地震监测、气象探测和海洋勘测等领域。卫星导航系统已成为我国国防建设中不可或缺的重要基础设施。

20 世纪后期，我国开始探索适合国情的卫星导航系统发展道路，一代又一代的航天科技专家从零开始，自主创新、不断摸索、顽强拼搏，最终经过 20 余年的努力，在 2020 年 6 月，完成了最后一颗全球组网卫星的发射，实现了中国自主研发的北斗卫星导航系统的全球组网。北斗系统成为四大全球卫星导航系统之一，是联合国卫星导航委员会已认定的供应商。

【讨论 1】卫星导航系统在定位时会受到各种因素的影响，从而造成定位误差。请问主要的误差来源有哪些?

【讨论 2】卫星导航系统要求纳秒级的时间精度，需要利用相对论效应为导航仪提供修正。如何理解相对论效应对卫星导航的影响?

单元 27 相对论(2)

一、知识要点

1. 相对论质量

物体的质量与物体运动的速度 v 相关：

$$m=\frac{m_0}{\sqrt{1-\frac{v^2}{c^2}}} \tag{27-1}$$

式中：m_0 为物体的静止质量。

2. 相对论动量

相对论中，物体的动量为

$$\boldsymbol{p}=m\boldsymbol{v}=\frac{m_0\boldsymbol{v}}{\sqrt{1-\frac{v^2}{c^2}}} \tag{27-2}$$

3. 相对论中的质点动力学方程

相对论中的质点动力学方程为

$$\boldsymbol{F}=\frac{\mathrm{d}\boldsymbol{p}}{\mathrm{d}t}=\frac{\mathrm{d}(m\boldsymbol{v})}{\mathrm{d}t}=m\frac{\mathrm{d}\boldsymbol{v}}{\mathrm{d}t}+\boldsymbol{v}\frac{\mathrm{d}m}{\mathrm{d}t}=\frac{\mathrm{d}}{\mathrm{d}t}\left(\frac{m_0\boldsymbol{v}}{\sqrt{1-\frac{v^2}{c^2}}}\right) \tag{27-3}$$

此式表明：力既可以改变物体的速度，又可以改变物体的质量；一般情况下，力与加速度的方向不一致；当 $v\ll c$ 时，才满足牛顿第二定律，即 $\boldsymbol{F}=m\frac{\mathrm{d}\boldsymbol{v}}{\mathrm{d}t}=m\boldsymbol{a}$。

4. 相对论能量

相对论中的动能：

$$E_\mathrm{k}=mc^2-m_0c^2 \tag{27-4}$$

物体总能量

$$E=mc^2 \tag{27-5}$$

物体静止能量

$$E_0=m_0c^2 \tag{27-6}$$

$E=mc^2$ 即为著名的爱因斯坦质能关系，表明质量的变化会引起能量的变化，即

$$\Delta E=\Delta mc^2 \tag{27-7}$$

爱因斯坦质能关系说明：物体处于静止状态时，物体也蕴含着相当可观的静能量；相对论中的质量不仅是惯性的量度，而且还是总能量的量度；如果一个系统的质量发生变化，能量必有相应的变化；对一个孤立系统而言，总能量守恒，总质量也守恒。

5. 动量和能量的关系

动量和能量的关系如下：

$$E^2=p^2c^2+E_0^2 \tag{27-8}$$

动量和能量有以下两点极限情况：

(1) 在经典力学中，动能和动量的关系 $E_k=\dfrac{p^2}{2m}$ 与相对论中的有较大区别，应注意区分。

(2) 光子的速度为 c，光子的静止质量只有满足 $m_0=0$ 时，$m=\dfrac{m_0}{\sqrt{1-\dfrac{v^2}{c^2}}}$ 才有可能成立。因此，光子的静止质量 $E_0=0$，光子的能量、动量和质量关系为

$$p_\varphi=\frac{E}{c},\ m_\varphi=\frac{E}{c^2}$$

二、测试题

1. 根据相对论力学，动能为 0.25MeV 的电子，其运动速度约等于（c 表示真空中的光速，电子的静止能 $m_0c^2=0.5$MeV）【　　】。

A. $0.1c$　　B. $0.5c$　　C. $0.75c$　　D. $0.85c$

2. 粒子速度为多少时，其动能等于它本身的静止能量？【　　】

A. $\dfrac{\sqrt{3}}{2}c$　　B. $\dfrac{3}{4}c$　　C. $\dfrac{1}{2}c$　　D. $\dfrac{4}{5}c$

3. E_k 是粒子的动能，p 是它的动量，那么粒子的静能 m_0c^2 等于【　　】。

A. $\dfrac{p^2c^2-E_k^2}{2E_k}$　　B. $\dfrac{(pc-E_k)^2}{2E_k}$　　C. $p^2c^2-E_k^2$　　D. $\dfrac{p^2c^2+E_k^2}{2E_k}$

4. 把一个静止质量为 m_0 的粒子由静止加速到 $0.6c$（c 为真空中的速度）需做的功为【　　】。

A. $0.18m_0c^2$　　B. $0.25m_0c^2$　　C. $0.36m_0c^2$　　D. $1.25m_0c^2$

5. 已知一静止质量为 m_0 的粒子，其固有寿命为实验室测量的$\frac{1}{n}$，则粒子的实验室能量相当于静止能量的【　　】。

A. 1 倍　　B. $\frac{1}{n}$　　C. n 倍　　D. $(n-1)$倍

三、研讨与实践

阅读以下材料，并通过查阅文献详细了解爱因斯坦的主要科学成就。

阿尔伯特·爱因斯坦(Albert Einstein，1879—1955 年)是犹太裔理论物理学家、思想家及哲学家，相对论的创立者，被认为是 20 世纪最重要的科学家之一。爱因斯坦因在光电效应方面的研究被授予了 1921 年诺贝尔物理学奖。

1905 年，爱因斯坦在科学史上创造了一个史无前例的奇迹，在三个领域做出了四个有划时代意义的贡献，发表了关于光量子说、分子大小测定法、布朗运动理论和狭义相对论这四篇重要论文。

关于光量子说的论文名为《关于光的产生和转化的一个推测性观点》。这篇论文把普朗克 1900 年提出的量子概念推广到光在空间中的传播情况，在历史上第一次揭示了微观客体的波动性和粒子性的统一，即波粒二象性。文章的结尾用光量子概念轻而易举地解释了经典物理学无法解释的光电效应，推导出光电子的最大能量同入射光的频率之间的关系。这一关系 10 年后才由密立根给予实验证实。1921 年，爱因斯坦因“光电效应定律的发现”这一成就而获得了诺贝尔物理学奖。

关于狭义相对论的第一篇论文名为《论动体的电动力学》。这篇开创物理学新纪元的长论文完整地提出了狭义相对论，在很大程度上解决了 19 世纪末出现的经典物理学的危机，改变了牛顿力学的时空观念，揭露了物质和能量的相当性，创立了一个全新的物理学世界，开启了近代物理学领域最伟大的革命。

关于狭义相对论的第二篇论文名为《物体的惯性同它所含的能量有关吗?》，这篇论文为相对论的一个推论。质能相当性是原子核物理学和粒子物理学的理论基础，也为 20 世纪 40 年代实现的对核能的释放和利用开辟了道路。

爱因斯坦拨散了笼罩在“物理学晴空上的乌云”，迎来了物理学更加光辉灿烂的新纪元。

单元 28　量子物理(1)

——黑体辐射、光电效应

一、知识要点

1. 黑体辐射

黑体：在任何温度下都能将任何波长的外来电磁波完全吸收的物体。

单色辐射出射度(光谱辐射出射度)$M_\nu(T)$：物体表面单位面积在单位时间内发射的、频率为 ν 附近的单位频率区间的电磁波能量，用来描述物体的热辐射能量按波长的分布规律。$M_\nu(T)$的单位为 $\mathrm{W/m^2}$。

辐射出射度(简称辐出度)$M(T)$：从物体表面单位面积上所发出的各种频率的总辐射功率。在一定温度 T 时，有

$$M(T)=\int_0^\infty M_\nu(T)\mathrm{d}\nu \tag{28-1}$$

显然，$M(T)$只是温度的函数，它的单位是 $\mathrm{W/m^2}$。

黑体辐射的实验定律(斯特藩-玻尔兹曼定律)：黑体辐射的全部辐射出射度与绝对温度 T 的四次方成正比，即

$$M=\int_0^\infty M_\nu\mathrm{d}\nu=\sigma T^4 \tag{28-2}$$

式中：$\sigma=5.670\ 51\times10^{-8}\ \mathrm{W/(m^2\cdot K^4)}$是一个普适常数，叫作斯特藩-玻尔兹曼常数。

维恩位移定律：

$$T\lambda_\mathrm{m}=b \tag{28-3}$$

式中：$b=2.897\times10^{-3}\ \mathrm{m\cdot K}$，是一个和温度无关的量。

2. 普朗克量子假设

1900 年，普朗克提出了量子假设：振子的能量不能连续变化，而只能够处于某些特殊的状态，这些状态的能量分立值为 ε，2ε，3ε，…，$n\varepsilon$。这里的 n 为正整数，称作量子数；ε 为能量子，表示为

$$\varepsilon=h\nu \tag{28-4}$$

式中，$\nu=c/\lambda$ 为谐振子的频率，h 为普朗克常量，即

$$h\approx6.626\times10^{-34}\ \mathrm{J\cdot s} \tag{28-5}$$

3. 光电效应

1905 年，爱因斯坦指出，可以用光量子的概念解释光电效应：一个光子入射到金属板，其能量被单个电子吸收。电子获得的这份能量，一部分用来克服金属的束缚做功（逸出功 A），一部分成为其逸出金属后的初动能。

对于那些具有最大初动能的光电子，有

$$h\nu=\frac{1}{2}mv_{m}^{2}+A \tag{28-6}$$

此即爱因斯坦光电效应方程。

当入射光频率为红限时，有

$$h\nu_{0}=A \tag{28-7}$$

遏止电势差做负功，使得具有最大初动能的光电子速度降到零，有

$$eU_{a}=\frac{1}{2}mv_{m}^{2} \tag{28-8}$$

联合以上三式，得到遏止电势差与入射光频率的关系：

$$U_{a}=\frac{h}{e}\nu-\frac{A}{e} \tag{28-9}$$

4. 光的波粒二象性

光在传播过程中表现出波动性，与物质相互作用时表现出粒子性，即光具有波粒二象性。根据爱因斯坦狭义相对论理论，可将光的波动性和粒子性联系起来：

光子的能量为 $E=h\nu$，根据相对论质能关系 $E=m_{\varphi}c^{2}$，可得光子的质量为

$$m_{\varphi}=\frac{h\nu}{c^{2}}=\frac{h}{c\lambda} \tag{28-10}$$

质量是粒子的特征量，波长是波动的特征量。

光子的动量为

$$p=m_{\varphi}c=\frac{h\nu}{c}=\frac{h}{\lambda} \tag{28-11}$$

动量是粒子的特征量，波长是波动的特征量。

光子的静止质量 $m_{\varphi 0}=0$。

二、测试题

1. 相对于黑体辐射的最大单色辐出度的波长叫作峰值波长 λ_{m}。随着温度 T 的增高，λ_{m} 将向短波方向移动，这一结果称为维恩位移定律。若 $b=2.897\times10^{-3}$ m·K，则两者的关系经实验可确定为【　　】。

A. $T\lambda_{m}=b$　　B. $\lambda_{m}=bT$　　C. $\lambda_{m}=bT^{4}$　　D. $T=b\lambda_{m}$

2. 金属的光电效应的红限依赖于【　　】。

A. 入射光的频率　　B. 入射光的强度

C. 金属的逸出功　　　　　　　　　D. 入射光的频率和金属的逸出功

3. 已知某单色光照射到一金属表面产生了光电效应，若此金属的逸出电势是 U_0(使电子从金属逸出需做功 eU_0)，则此单色光的波长 λ 必须满足【　　】。

A. $\lambda\leqslant\frac{hc}{eU_0}$　　B. $\lambda\geqslant\frac{hc}{eU_0}$　　C. $\lambda\leqslant\frac{eU_0}{hc}$　　D. $\lambda\geqslant\frac{eU_0}{hc}$

4. 在均匀磁场 $\boldsymbol{B}$ 内放置一薄板的金属片，其红限波长为 λ_0。今用单色光照射，发现有电子放出，放出的电子(质量为 m，电量的绝对值为 e)在垂直于磁场的平面内做半径为 R 的圆周运动，那么此照射光光子的能量是【　　】。

A. $\frac{hc}{\lambda_0}$　　B. $\frac{hc}{\lambda_0}+\frac{(eRB)^2}{2m}$　　C. $\frac{hc}{\lambda_0}+\frac{eRB}{m}$　　D. $\frac{hc}{\lambda_0}+2eRB$

5. 用频率为 ν 的单色光照射某种金属时，逸出光电子的最大动能为 E_k；若改用频率为 2ν 的单色光照射此种金属，则逸出光电子的最大动能为【　　】。

A. $2E_k$　　B. $2h\nu-E_k$　　C. $h\nu-E_k$　　D. $h\nu+E_k$

三、研讨与实践

阅读以下材料，并通过查阅文献详细了解康普顿散射的原理及吴有训对康普顿散射的贡献。

1923 年，康普顿(A. H. Compton)研究了 X 射线通过物质时向各方向散射的现象。康普顿在实验中发现，在散射谱线中除有与入射线波长 λ_0 相同的射线外，还有一些波长 $\lambda>\lambda_0$ 的射线(如图 28－1 所示)，两者波长差值的大小随着散射角的大小而变(如图 28－2 所示)。这种改变波长的散射称为康普顿散射(或称康普顿效应)。1926 年，我国物理学家吴有训对不同物质的康普顿散射进行了研究。1927 年，康普顿因为发现了康普顿效应获得诺贝尔物理学奖。继光电效应实验之后，康普顿效应进一步验证了光的粒子特性。

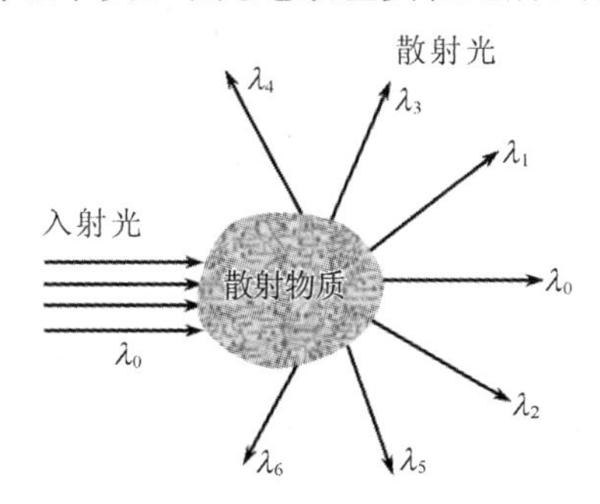

图 28－1　康普顿散射示意图

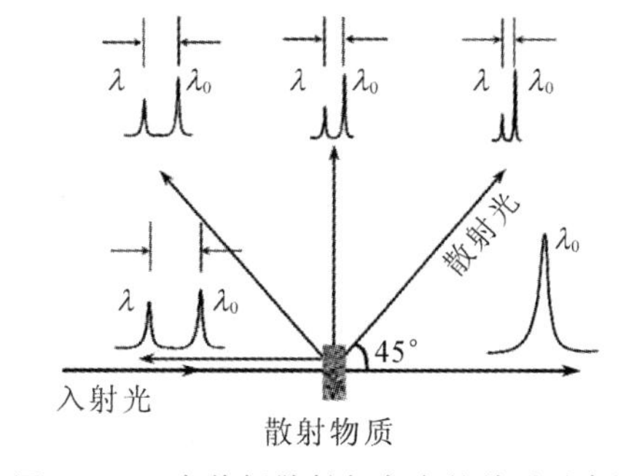

图 28－2　康普顿散射与角度的关系示意图

康普顿散射实验规律可总结如下：

(1) 对于同一种散射物质，康普顿散射改变量(波长位移)$\Delta\lambda=\lambda-\lambda_0$ 随散射角 φ 的不同而异，散射角增大，$\Delta\lambda$ 增加。相同散射角下，波长位移量 $\Delta\lambda=\lambda-\lambda_0$ 与散射物质无关。

(2) 对于同一种散射物质，散射角增大，原波长谱线强度减小，新波长谱线强度增大。

(3) 散射原子越大，即原子序数越大，原波长谱线的强度越大，新波长谱线的强度越小。

康普顿散射实验无法用光的波动理论解释，但可用光子理论解释。将 X 光子与散射物质中的电子作用过程看作是碰撞。因为对于轻原子，电子和原子核的联系相当弱(电离能量约为几个电子伏)，其电离能量和 X 射线光子的能量(10^4～10^5 eV)相比，几乎可以略去不计，因此可以假定散射过程仅是光子和静止自由电子的弹性碰撞。X 光子与散射物质中的电子作用过程可用图 28-3 来描述。

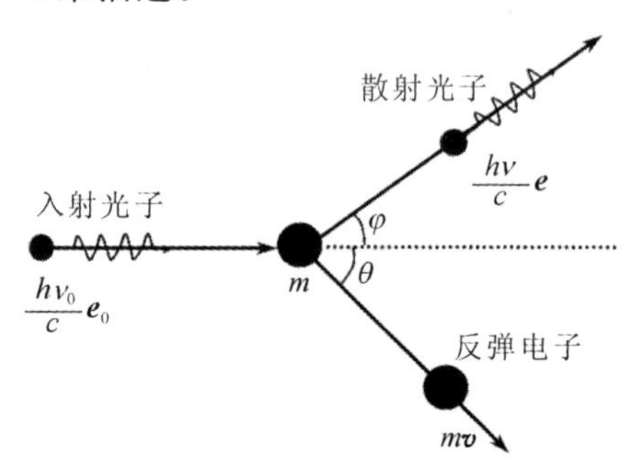

图 28-3　光子与电子的作用过程示意图

作用前光子能量为 $h\nu_0$，光子动量 $\boldsymbol{p}_0=\frac{h\nu_0}{c}\boldsymbol{e}_0$，其中 $\boldsymbol{e}_0$ 为作用前光子运动方向的单位矢量；作用前电子能量为 m_0c^2，电子动量为零。作用后光子能量为 $h\nu$，光子动量 $\boldsymbol{p}=\frac{h\nu}{c}\boldsymbol{e}$，其中 $\boldsymbol{e}$ 为作用后光子运动方向的单位矢量；作用后电子能量为 mc^2，电子动量为 $m\boldsymbol{v}$。

弹性碰撞前后能量守恒：

$$h\nu_0+m_0c^2=h\nu+mc^2 \tag{28-12}$$

动量守恒(如图 28-4 所示)：

$$\frac{h\nu_0}{c}\boldsymbol{e}_0=\frac{h\nu}{c}\boldsymbol{e}+m\boldsymbol{v} \tag{28-13}$$

因为碰撞前后能量守恒，且 $m_0<m$，由式(28-12)可知 $\nu_0>\nu$，即 $\lambda_0<\lambda$，所以散射谱线中有波长较长的成分。

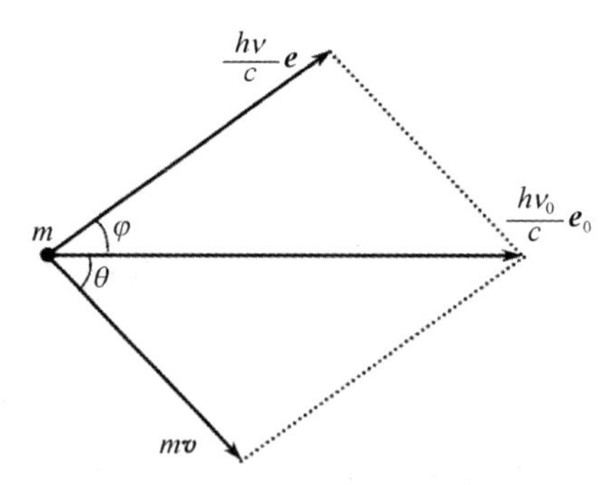

图 28-4　光子与电子碰撞前后动量守恒示意图

【讨论 1】式(28-12)和式(28-13)结合电子的相对论能量和动量的关系式 $E^2=p^2c^2+E_0^{\ 2}$，可得碰撞前后的波长的改变量为

$$\Delta\lambda=\lambda-\lambda_0=\frac{2h}{m_0c}\sin^2\frac{\varphi}{2} \tag{28-14}$$

上式称为康普顿散射公式。$\lambda_c=\dfrac{h}{m_0c}=2.43\times10^{-3}$ nm 称为康普顿波长，其数值也等于 $\varphi=90°$ 方向碰撞前后的波长的改变量 $\Delta\lambda$。试证明康普顿散射公式。

【讨论 2】康普顿散射中也有波长基本不变的成分。试说明原因。

【讨论 3】康普顿散射中散射原子的原子序数越大，原波长谱线的强度越大，新波长谱线的强度越小。试说明原因。

【讨论 4】“光电效应和和康普顿效应中电子和光子组成的系统都服从动量守恒和能量守恒定律。”这一说法是否正确？如不正确，试说明原因。

【讨论 5】吴有训是我国近代物理学研究的开拓者和奠基人之一。在 X 射线散射研究中，康普顿发表的论文只涉及一种散射物质石墨，不足以让人信服。吴有训以系统、精湛的实验和精辟的理论分析，先后完成了 7 种物质的 X 射线散射曲线、15 种元素散射 X 线的光谱图，为康普顿效应的确立和公认作出贡献。回国后，吴有训开创了 X 射线散射光谱等方面的实验和理论研究，创造性地发展了多原子气体散射 X 射线的普遍理论。请查阅相关资料，了解吴有训对康普顿散射的研究以及对我国物理学发展作出的贡献。

单元 29　量子物理(2)

——氢光谱、玻尔氢原子理论

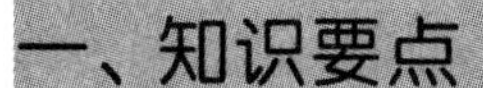

1. 氢原子光谱的实验规律

(1) 巴尔末公式：

$$\tilde{\nu}=\frac{4}{B}\left(\frac{1}{2^2}-\frac{1}{n^2}\right),\ n=3,\ 4,\ 5,\ 6,\ \cdots \tag{29-1}$$

式中：$\tilde{\nu}=\frac{1}{\lambda}$表示氢原子谱线的波数，所得到的氢原子谱线集合称为巴尔末系。

(2) 里德伯公式：

$$\tilde{\nu}=R_H\left(\frac{1}{k^2}-\frac{1}{n^2}\right) \tag{29-2}$$

式中：$R_H=1.097\ 373\ 1\times10^7\ m^{-1}$，为里德伯常数。

(3) 氢原子光谱各谱系的名称：

$k=1$，$n=2$，3，4，… ——莱曼系(1914 年，紫外区)；

$k=2$，$n=3$，4，5，… ——巴尔末系(1885 年，可见光区)；

$k=3$，$n=4$，5，6，… ——帕邢系(1908 年，红外区)；

$k=4$，$n=5$，6，7，… ——布拉开系(1922 年，红外区)；

$k=5$，$n=6$，7，8，… ——普丰德系(1924 年，红外区)；

$k=6$，$n=7$，8，9，… ——哈弗莱系(1953 年，红外区)。

2. 玻尔的氢原子理论

(1) 玻尔关于氢原子的三个假设如下：

定态假设：原子系统只能处于一系列不连续的能量状态，电子虽然绕核做加速运动，但不发射电磁波，这些状态称为原子系统中的稳定状态，即定态。

相应的能量分别为 E_1，E_2，E_3，…($E_1<E_2<E_3<\cdots$)。

跃迁假设：当原子从一个能量为 E_n 的定态跃迁到另一能量为 E_k 的定态时，发射或吸收一个频率为 ν_{nk}的光子，此光子的频率必须满足

$$h\nu_{nk}=E_n-E_k \tag{29-3}$$

式(29－3)称为跃迁公式。

角动量量子化假设：原子处于定态时，其电子绕核运动的角动量只能取分立值：

$$L=n\frac{h}{2\pi},\ n=1,\ 2,\ 3,\ 4\cdots$$

上式也可简写成 $L=n\hbar$，其中 $\hbar=\frac{h}{2\pi}=1.054\ 588\ 7\times10^{-34}$ J·s，称为约化普朗克常量。

(2) 氢原子的轨道半径：

$$r_n=n^2\left(\frac{\varepsilon_0 h^2}{\pi me^2}\right)=n^2 r_1 \quad (29-4)$$

式中：$r_1=0.529\times10^{-10}$ m，是氢原子电子的第一轨道半径，也就是氢原子处于第一能态($n=1$，基态)时的半径，称作玻尔半径。

(2) 氢原子的能量：

$$E_n=-\frac{1}{n^2}\left(\frac{me^4}{8\varepsilon_0^2 h^2}\right)=-\frac{13.6\ \text{eV}}{n^2}=\frac{E_1}{n^2} \quad (29-5)$$

式中：$E_1=-13.6$ eV，是氢原子的基态能量。量子数 $n>1$ 的态，称作激发态。量子数 n 越大，能级能量越高。图 29－1 所示为氢原子中的电子在不同能量的轨道上，当从高能量的轨道跃迁到低能级的轨道时发出不同频率的光子，形成不同的谱线系。图 29－2 所示是产生相应谱线的能级跃迁的表示。

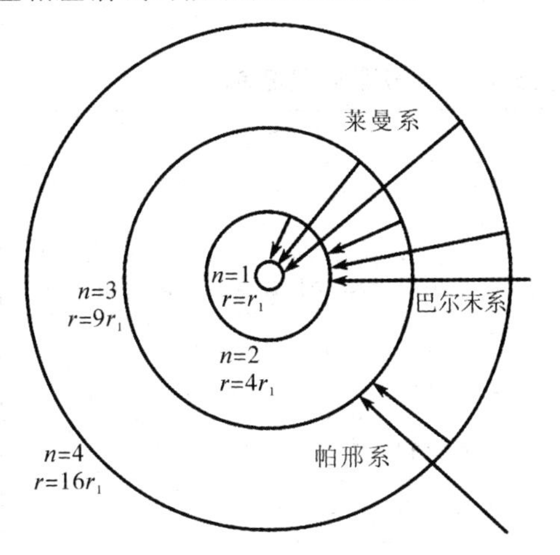

图 29－1　氢原子各定态电子轨道和跃迁示意图

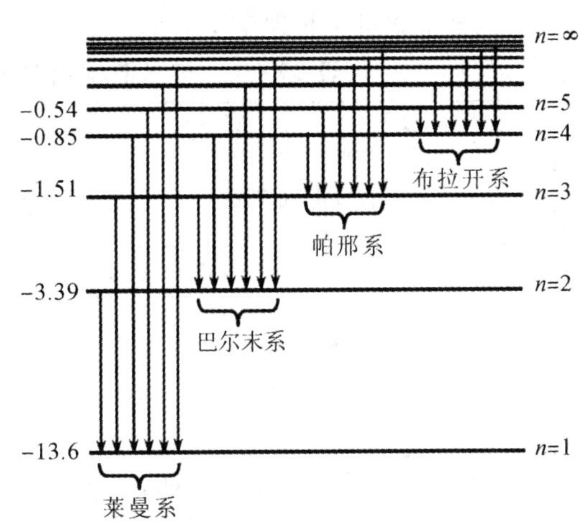

图 29－2　氢原子能级和跃迁示意图

二、测试题

1. 使氢原子中电子从 $n=3$ 的状态电离，至少需要供给的能量为(已知基态氢原子的电离能为 13.6 eV)【　　】。

A. －12.1 eV　　B. 12.1 eV　　C. 1.51 eV　　D. －1.51 eV

2. 根据氢原子理论，若大量氢原子处于主量子数 $n=5$ 的激发态，则跃迁辐射的谱线中属于巴耳末系的谱线有【　　】。

A. 1 条　　　　B. 3 条　　　　C. 4 条　　　　D. 10 条

3. 设大量氢原子处于 $n=4$ 的激发态，它们跃迁时发射出一簇光谱线，则这簇光谱线最多可能有________条。

4. 当一质子俘获一个动能 $E_k=13.6$ eV 的自由电子组成一基态氢原子时，所发出的单色光频率是________。

5. 被激发到 $n=3$ 的状态的氢原子气体发出的辐射中，有________条非可见光谱线。

6. 能量为 15 eV 的光子从处于基态的氢原子中打出一光电子，则该电子离原子核时的运动速度为________。

三、研讨与实践

阅读以下材料，并通过查阅文献了解光谱学的研究内容和我国光谱学的研究进展。

光谱学是一门古老而又充满活力的学科，它通过光谱来研究电磁波与物质之间的相互作用，涉及物理学及化学，是一门重要的交叉学科。随着测量技术的不断发展、测量精度的不断提高，光谱学的发展极大地提高了人类探索自然规律的能力，为人类探索和揭示微观世界规律以及发展重要前沿科学和高新技术发挥了重要作用；科学技术的每次飞跃都得益于使用前所未有的测量精度、分辨率或灵敏度的物理技术手段。表 29-1 摘录了与光谱学相关的部分诺贝尔物理学奖名单。

表 29-1　与光谱学相关的部分诺贝尔物理学奖名单

年份	获奖者	获奖理由
2005	John L. Hall 和 Theodor W. Hänsch	为包括光学频率梳在内的激光精密光谱技术发展作出贡献
1989	Hans G. Dehmelt 和 Wolfgang Paul	发展原子精确光谱学和开发离子陷阱技术
1981	Kai M. Siegbahn	开发了高分辨率测量仪器，对光电子和轻元素进行了定量分析
	Nicolas Bloembergen	非线性光学和激光光谱学的开创性工作
	Arthur L. Schawlow	发明高分辨率的激光光谱仪
1961	Rudolf Ludwig Mössbauer	从事 γ 射线的共振吸收现象研究并发现了穆斯堡尔效应
1955	Willis Eugene Lamb	发明了微波技术，进而研究氢原子的精细结构
1924	Karl Manne George Siegbahn	发现 X 射线中的光谱线
1922	Niels Bohr	关于原子结构以及原子辐射的研究
1919	Johannes Stark	发现极隧射线的多普勒效应以及电场作用下光谱线的分裂现象
1907	Albert Abraham Michelson	发明光学干涉仪并使用其进行光谱学和基本度量学研究

【讨论 1】通过光谱的研究，人们可以得到原子、分子的能级结构、能级寿命、电子的组态、分子的几何形状、化学键的性质、反应动力学等多方面物质结构的知识。除此之外，光谱学的研究内容还有哪些？

【讨论 2】激光被发现以来，人类对于光的控制达到了新的阶段，可以产生具有前所未有的亮度、频率分布以及时间分辨率的电磁辐射，开启了通向非线性光学与非线性光谱学的大门，使得光谱学处于高速发展的崭新时期。我国开展光谱学研究工作的研究单位有中国科学院大连化学物理研究所、中国科学院西安光学精密机械研究所瞬态光学与光子技术国家重点实验室、中国科学院合肥物质科学研究院安徽光学精密机械研究所、华东师范大学精密光谱科学与技术国家重点实验室、南京大学物理学院和微结构国家重点实验室、中山大学光电材料与技术国家重点实验室等等。请查阅文献了解我国光谱学的研究进展。

单元 30　量子物理(3)

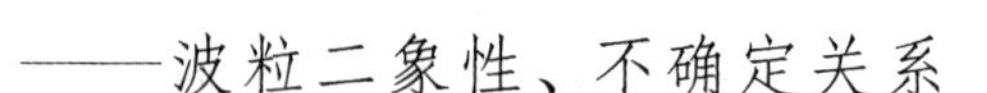

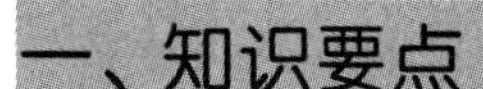

1. 德布罗意物质波假设

德布罗意假设：所有的微观实物粒子都具有波粒二象性。

质量为 m，速率为 υ 的粒子具有能量 ε 和动量 p，同时具有频率 ν 和波长 λ，这些物理量应遵从下述公式：

$$\begin{cases} E=mc^2=h\nu \\ p=m\upsilon=\dfrac{h}{\lambda} \\ \nu=\dfrac{mc^2}{h}=\dfrac{m_0c^2}{h\sqrt{1-\upsilon^2/c^2}} \\ \lambda=\dfrac{h}{p}=\dfrac{h}{m\upsilon}=\dfrac{h}{m_0\upsilon}\sqrt{1-\upsilon^2/c^2} \end{cases} \tag{30-1}$$

和粒子相关联的波称为德布罗意波或物质波，相应的波长 λ 称为德布罗意波长。式(30－1)称为德布罗意关系。

2. 不确定关系

不确定关系(Uncertainty Principle)又称为不确定性原理、测不准原理，是量子力学中的一个基本原理，它反映了微观粒子的波动性，由德国物理学家海森堡(Heisenberg)于1927年提出。

该原理表明：一个微观粒子的共轭物理量(如位置和动量，方位角与角动量，时间和能量等)，存在着观测上不确定关系，即不可能同时测得确定的数值，其中一个量越确定，另一个量的不确定程度就越大。

坐标和动量的不确定关系为

$$\Delta x\cdot\Delta p_x\geqslant\frac{\hbar}{2} \tag{30-2}$$

上式说明微观粒子不可能同时具有确定的坐标和相应的动量。

能量和时间的不确定关系为

$$\Delta E \cdot \Delta t \geqslant \frac{\hbar}{2} \tag{30-3}$$

利用上式我们可以解释原子各激发态的能级宽度 ΔE 和它在该激发态的平均寿命之间的关系。原子在激发态的平均寿命 $\Delta t \approx 10^{-8}$ s，根据上式可知原子激发态的能级宽度 $\Delta E \geqslant \frac{\hbar}{2\Delta t} \approx 10^{-8}$ eV。除基态外，原子的激发态平均寿命 Δt 越长，能级宽度 ΔE 越小。

二、测试题

1. 电子显微镜中的电子从静止开始通过电势差为 U 的静电场加速后，其德布罗意波长是 0.4×10^{-10} m，则 U 约为($e=1.6\times10^{-19}$ C，$h=6.63\times10^{-34}$ J·s，电子静止质量 $m_e=9.11\times10^{-31}$ kg)【　　】。

A. 150 V　　B. 330 V　　C. 630 V　　D. 940 V

2. 若 α 粒子(电量为 $2e$)在磁感应强度为 $\boldsymbol{B}$ 均匀磁场中沿半径为 R 的圆形轨道运动，则 α 粒子的德布罗意波长是【　　】。

A. $\frac{h}{2eRB}$　　B. $\frac{h}{eRB}$　　C. $\frac{1}{2eRBh}$　　D. $\frac{1}{eRBh}$

3. 如图 30-1 所示，一束动量为 $\boldsymbol{p}$ 的电子，通过缝宽为 a 的狭缝，在距离狭缝 R 处放置一荧光屏，屏上衍射图样中央最大宽度 d 等于【　　】。

A. $\frac{2a^2}{R}$

B. $\frac{2ha}{p}$

C. $\frac{2ha}{Rp}$

D. $\frac{2Rh}{ap}$

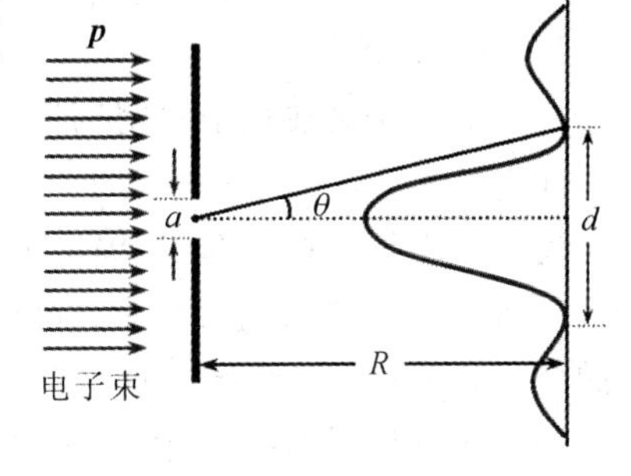

图 30-1　测试题 3 图

4. 关于不确定关系 $\Delta x \Delta p_x \geqslant \hbar \left(\hbar=\frac{h}{2\pi}\right)$ 有以下几种理解：

(1) 粒子的动量不可能确定；

(2) 粒子的坐标不可能确定；

(3) 粒子动量和坐标不可能同时确定；

(4) 不确定关系不仅用于电子和光子，也适用于其他粒子。

其中正确的是【　　】。

A. (1)、(2)　　B. (2)、(4)　　C. (3)、(4)　　D. (4)、(1)

5. 【判断题】实物粒子与光子一样，既具有波动性，亦具有粒子性。【　　】

6. 【判断题】光子具有波粒二象性，电子只具有粒子性。【　　】

7. 【判断题】德布罗意认为实物粒子既具有粒子性，也具有波动性。【　　】

三、研讨与实践

阅读以下材料，并通过查阅文献理解不确定性原理及与其相关的科研工作。

不确定关系是量子物理的重要表征之一，在量子力学中具有重要的地位和广泛的应用，例如对不确定关系的相关研究可以用来发展引力波干涉仪所需要的低噪声科技。

通过观测脉冲星来探测引力波的时候，引力波所经过的区域，空间的相对长度会被周期性地拉伸和收缩，但这种长度变化非常小。以 2023 年中国天眼 FAST 探测到的纳赫兹引力波为例，在距离上，1 千米尺度引力波引起的扰动约为百分之一个氢原子大小；在时间上，千万年尺度上才变化 1 秒。因此引力波的探测对精度的要求非常高，需要排除各种各样的噪声。

对于量子系统来说，一个物理量可能没有准确的值，称作有“量子涨落”或者“量子噪声”。这限制了测量的准确性，而不确定关系给出了量子噪声下限。物理学家们发现，探测引力波的激光干涉仪的主要误差来自光场的光子数目的涨落。使用压缩光可以克服由不确定关系给出的测量精度极限，这个方法已经被用于探测引力波，并发挥了作用。“压缩光”是某个物理量(比如光子数目)的涨落得到了“压缩”的光。不确定关系在这里表现为，光子数目的涨落和辐射压强的涨落的乘积不小于一个下限，所以光子数的涨落很小，则辐射压强的涨落很大。

不确定关系在量子精密测量、量子通信等量子信息处理中也起到关键的作用。经典的不确定关系认为，在一个量子力学系统中，一个粒子的位置和动量不能被同时精确确定。但爱因斯坦等人在 1935 年提出了“EPR 佯谬”，认为如果 A、B 两个粒子是孪生的，就可以同时确定粒子的位置和动量。最近的理论研究表明，用量子纠缠有可能同时确定一个粒子的位置和动量，并给出了这一问题的定量描述(数学公式)，即新形式的海森堡不确定原理——通过量子纠缠，观测者可以把被测粒子 A 的“量子信息”存储在粒子 B 上，当它们的纠缠度最大时，两个力学量可以同时被准确测量。

近年来，我国科学家在量子信息技术领域开展了大量的研究，其中包括与不确定关系相关的研究工作。例如，2011 年，由郭光灿院士领导的中科院量子信息重点实验室李传锋博士研究组突破量子力学中“经典”的不确定关系，并验证了新形式的海森堡不确定关系。2019 年，中国科学技术大学微观磁共振重点实验室杜江峰、彭新华与理论合作者上海交通大学麻志浩等，首次实验验证了新型量子不确定性等式关系。

不确定关系是对量子物理系统测量结果的一种根本限制，带量子纠缠(存储)的新量子不确定性关系，对进一步揭示量子物理的本质具有重要科学意义。另外，不确定性关系的等式比通常的不确定性关系的不等式更加精确，在量子通信、量子精密测量等量子信息技术的应用中有重要的优势。

单元31 量子物理(4)

——薛定谔方程、四个量子数

一、知识要点

1. 波函数

波函数是描述微观粒子运动状态的函数：

$$\Psi=\Psi(x, y, z, t) \tag{31-1}$$

从统计的角度来讲，粒子的概率密度 $\rho=|\Psi|^2=\Psi\Psi^*$，即 t 时刻在空间一点 $P(x, y, z)$ 附近单位体积内发现粒子的概率。物质波是概率波，波函数具有波和概率的双重特性。

波函数满足归一化条件：

$$\iiint |\Psi(\boldsymbol{r}, t)|^2 \mathrm{d}V = 1 \tag{31-2}$$

波函数必须满足单值、有限、连续三个标准化条件。

2. 薛定谔方程

薛定谔方程为

$$\left(-\frac{\hbar^2}{2m}\nabla+U\right)\Psi(\boldsymbol{r}, t)=i\hbar\frac{\partial\Psi(\boldsymbol{r}, t)}{\partial t} \tag{31-3}$$

式中：$\nabla=\frac{\partial^2}{\partial x^2}+\frac{\partial^2}{\partial y^2}+\frac{\partial^2}{\partial z^2}$；$U$ 为势能函数。

一维定态薛定谔方程为

$$-\frac{\hbar^2}{2m}\frac{\partial^2\psi(x)}{\partial x^2}+U(x)\psi(x)=E\psi(x) \tag{31-4}$$

或

$$\frac{\partial^2\psi(x)}{\partial x^2}+\frac{2m}{\hbar^2}[E-U(x)]\psi(x)=0 \tag{31-5}$$

3. 一维无限深势阱

势能函数为

$$U(x)=\begin{cases}0 & (0<x<a,\text{阱内})\\ \infty & (x\leqslant 0, x\geqslant a,\text{阱外})\end{cases} \tag{31-6}$$

能量为

$$E_n = n^2 \frac{\pi^2 \hbar^2}{2ma^2} = n^2 E_1,\ n=1,\ 2,\ \cdots \tag{31-7}$$

式中：$E_1 = \pi^2 \hbar^2 / 2ma^2$，为阱内粒子的最小能量(基态能)。

粒子的波函数为

$$\psi_n(x) = \begin{cases} 0, & 0 \leqslant x,\ x \geqslant a \\ \sqrt{\dfrac{2}{a}} \sin \dfrac{n\pi}{a} x, & 0 < x < a \end{cases} \tag{31-8}$$

概率密度分布函数为

$$\rho = |\psi(x)|^2 = \begin{cases} 0, & 0 \leqslant x,\ x \geqslant a \\ \dfrac{2}{a} \sin^2 \dfrac{n\pi}{a} x, & 0 < x < a \end{cases} \tag{31-9}$$

4. 四个量子数

原子中电子的量子态用四个量子数来描述：

(1) 主量子数 n——主要决定原子中电子的能量。$n=1$，2，3，4，5，6，7，…分别对应原子的主壳层 K，L，M，N，O，P，Q，…。

(2) 角量子数(轨道量子数)l —— 决定电子的轨道角动量，对能量也有所影响。对主量子数 n，$l=0$，1，2，3，4，…，$n-1$(共 n 种取值)，分别对应支壳层 s，p，d，f，g，…。

(3) 轨道磁量子数 m_l —— 决定轨道角动量在外磁场方向上的分量。对角量子数 l，$m_l=0$，± 1，± 2，…，$\pm l$(共 $2l+1$ 种取值)。

(4) 自旋磁量子数 m_s——决定电子自旋角动量在外磁场方向上的分量。$m_s=\pm 1/2$(共 2 种取值)。

5. 原子的电子壳层结构

原子中电子的壳层排布遵循两个基本原理：

(1) 能量最低原理——原子系统处于正常状态时，原子中的电子趋向于占据能量最低的状态。

(2) 泡利不相容原理——一个原子中不能有两个或两个以上的电子处于完全相同的量子态，即四个量子数不能完全相同。

根据泡利不相容原理，原子中的一个支壳层最多可以排布 $2(2l+1)$ 个电子。这样，一个主壳层最多可以排布的电子数为

$$\sum_{l=0}^{n-1} 2(2l+1) = 2n^2 \tag{31-10}$$

二、测试题

1. 直接证实了电子自旋存在的最早的实验之一是【　　】。

A. 康普顿实验　　　　　　B. 卢瑟福实验

C. 戴维逊-革末实验　　　　D. 斯特恩-盖拉赫实验

2. 电子自旋的自旋磁量子数可能的取值有【　　】。

A. 1个　　B. 2个　　C. 4个　　D. 无数个

3. 下列各组量子数中，哪一组可以描述原子中电子的状态？【　　】

A. $n=2$，$l=2$，$m_l=0$，$m_s=\frac{1}{2}$

B. $n=3$，$l=1$，$m_l=-1$，$m_s=-\frac{1}{2}$

C. $n=1$，$l=2$，$m_l=1$，$m_s=\frac{1}{2}$

D. $n=1$，$l=0$，$m_l=1$，$m_s=-\frac{1}{2}$

4. 原子中电子的主量数 $n=2$，它可能具有状态数最多为________个。

5. 钴($Z=27$)有两个电子在 $4s$ 态，无其他 $n>4$ 的电子，则在 $3d$ 态的电子可有________个。

6. 一维无限深势阱中粒子的定态波函数为 $\psi_n(x)=\sqrt{\frac{2}{a}}\sin\frac{n\pi}{a}x$，则粒子处于基态时各处的概率密度 $\rho=$________。

三、研讨与实践

阅读以下材料，并通过查阅文献了解量子力学的发展历程及相关的科研工作进展。

2020年10月16日，中共中央政治局就量子科技研究和应用前景举行第二十四次集体学习。中共中央总书记习近平在主持学习时强调，当今世界正经历百年未有之大变局，科技创新是其中一个关键变量。我们要于危机中育先机、于变局中开新局，必须向科技创新要答案。要充分认识推动量子科技发展的重要性和紧迫性，加强量子科技发展战略谋划和系统布局，把握大趋势，下好先手棋。

量子力学是人类探索微观世界的重大成果。量子科技发展具有重大科学意义和战略价值，是一项对传统技术体系产生冲击、进行重构的重大颠覆性技术创新，将引领新一轮科技革命和产业变革方向。

量子力学的发展初期，涌现了许多具有创新精神的科学家们，普朗克、爱因斯坦、卢瑟福、玻尔、德布罗意、海森堡、薛定谔、费曼、狄拉克等等。其中的玻尔除了被公认为是量子理论的奠基人以外，他还倡建了哥本哈根大学理论物理研究所(后改名为尼尔斯·玻尔研究所)，为国际科学界创立了一种独特的学术氛围——“哥本哈根精神”。玻尔深信国际合作在物理学发展中的积极作用，并一直致力于促进科学的国际事业发展。在玻尔研究所成立的第一个10年内，有17个国家的63位物理学家来过研究所。他们在玻尔研究所相互切磋，合作研究，其中大部分是优秀的青年物理学家。

量子力学从建立到发展至今经过了一百多年，多项与量子力学相关的研究工作获得了诺贝尔物理学奖以及诺贝尔化学奖。2022年，诺贝尔物理学奖授予法国物理学家阿兰·阿斯佩(Alain Aspect)、美国理论和实验物理学家约翰·弗朗西斯·克劳泽(John F. Clauser)和奥地利物理学家安东·塞林格(Anton Zeilinger),以表彰他们各自利用量子纠缠进行了开创性的实验,证伪了贝尔不等式,研究结果也为量子信息技术的发展奠定了基础。此次颁奖中还专门提到了我国的潘建伟团队。潘建伟院士是我国量子科学实验卫星“墨子号”项目和中国量子保密通信骨干网络“京沪干线”项目的首席科学家。多位物理学界的学者均认为,我国的量子科学技术是为数不多的可以并跑,甚至在某些方面可以领跑的科学研究领域。

量子力学的发展带来了许多革命性的发明创造,如晶体管、激光、扫描隧道显微镜等等。量子力学成为多个学科的底层理论,包括物理学、化学、半导体、生物学、材料学等。

【讨论 1】请查阅文献了解与量子力学相关的诺贝尔物理学奖,了解获奖的工作内容和研究意义。

【讨论 2】2016 年 8 月 16 日 1 时 40 分,我国成功发射了世界首颗量子科学实验卫星“墨子号”。2017 年,“墨子号”在国际上首次成功实现从卫星到地面的量子密钥分发和从地面到卫星的量子隐形传态,这两项成果发表在了国际权威学术期刊《自然》杂志上。请查阅文献了解“墨子号”的科学研究内容和研究目标。

【讨论 3】请查阅文献了解几项与量子力学相关的应用,了解其物理原理。

附录1　测试题参考答案

单元1　质点运动学

1. A　2. B　3. B　4. C

单元2　质点动力学(1)——牛顿运动定律、力对时间的累积效应、动量守恒定律

1. B　2. C　3. D　4. C　5. C

单元3　质点动力学(2)——力的空间累积效应、机械能守恒定律

1. C　2. A　3. C　4. A

单元4　刚体力学(1)—— 转动惯量、力矩、转动定律

1. B　2. C　3. D　4. A

单元5　刚体力学(2)——刚体的角动量定理和角动量守恒定律

1. D　2. D　3. B　4. B

单元6　热学(1)——热学基本概念、气体动理论

1. C　2. D　3. C

单元7　热学(2)——热力学第一定律、热力学第二定律

1. B　2. B　3. C

单元8　真空中的静电场(1)——库仑定律、电场、电场强度

1. C　2. C　3. 错　4. 错

单元9　真空中的静电场(2)——电通量、高斯定理

1. C　2. A　3. D　4. D　5. D　6. 对　7. 错

单元10　真空中的静电场(3)——环路定理、电势

1. C　2. $A_1=\frac{qq_0}{4\pi\varepsilon_0}\left(\frac{1}{r_b}-\frac{1}{r_a}\right)$；$A_2=\frac{qq_0}{4\pi\varepsilon_0}\left(\frac{1}{r_a}-\frac{1}{r_b}\right)$　3. 对　4. D　5. 对

单元11　导体中的静电场——静电屏蔽、电容、电场能量

1. B　2. =　3. C　4. B

单元12　稳恒磁场(1)——磁场的描述

1. C　2. B　3. 对　4. 错　5. 对

单元13　稳恒磁场(2)——磁通量、磁场的高斯定理、安培环路定理

1. D　2. A　3. C　4. 错　5. 对　6. B　7. C　8. $\mu_0 I$，0，$\mu_0 I$　9. 对　10. 错

单元14　稳恒磁场(3)——带电粒子在电场和磁场中的运动、安培定律

1. A　2. C　3. D　4. $2BIR$；$2BIR$；0；$\frac{1}{2}I\pi R^2$；$\frac{1}{2}I\pi R^2 B$　5. 错

单元15　电磁感应和电磁场(1)——法拉第电磁感应定律、动生电动势

1. C　2. B　3. 错　4. 对　5. 错　6. D　7. 不会；穿过线圈的磁通量不变

单元16　电磁感应和电磁场(2)——感生电场、电磁场理论

1. 对　2. 对　3. 对　4. D

单元17　简谐振动

1. C　2. C　3. C　4. D

单元18　机械波(1)——简谐波、波动方程

1. C　2. A　3. B　4. A

单元19　机械波(2)——波的干涉

1. C　2. D　3. C　4. C

单元20　机械波(3)——驻波

1. B　2. D　3. A　4. A

单元21　光的干涉(1)——杨氏双缝实验

1. C　2. B

3. 频率相同；相位差恒定；光矢量振动方向平行；$\frac{2\pi\nu}{c}n(r_2-r_1)$

4. (1) 9.0×10^{-6} m；(2) 在中央明纹以上还能看到14条明纹

5. (1) $\frac{3D}{d}\lambda$　(2) $\frac{D}{d}\lambda$

单元22　光的干涉(2)——劈尖的干涉、牛顿环

1. D　2. C　3. E　4. B　5. 900 nm　6. 对　7. 1.27×10^3 nm

单元23　光的衍射(1)——单缝衍射、光学仪器的分辨率

1. 子波；子波相干叠加　2. 4；1；暗；增加；变小；减弱

3. 爱里斑；$\delta\varphi=1.22\frac{\lambda}{D}$　4. 2.2×10^{-4}；8.94 m　5. 428.6 nm

6. 各极小值的衍射角φ的条件为$a(\sin\varphi\pm\sin\phi)=k\lambda$，$k=0, \pm1, \pm2, \pm3, \cdots$；$\varphi$和$\phi$的取值均为正值

单元24　光的衍射(2)——光栅衍射

1. B　2. D　3. D　4. B　5. 5×10^{-6} m

6. (1) 2.4×10^{-6} m　(2) 0.8×10^{-6} m　7. 2.7 mm；1.8 cm

单元25　光的偏振 ——马吕斯定律、布儒斯特定律

1. B　2. E　3. B　4. 36.9°　5. C

单元26　相对论(1)——洛伦兹变换、狭义相对论的时空观

1. D　2. A　3. D　4. C　5. A　6. B

单元27　相对论(2)——相对论动力学

1. C　2. A　3. A　4. B　5. C

单元28　量子物理(1)——黑体辐射、光电效应

1. A　2. C　3. A　4. B　5. D

单元29　量子物理(2)——氢光谱、玻尔氢原子理论

1. C　2. B　3. 6　4. 6.56×10^{15} Hz　5. 2　6. 7.02×10^5 m/s

单元30　量子物理(3)——波粒二象性、不确定关系

1. D　2. A　3. D　4. C　5. 对　6. 错　7. 对

单元31　量子物理(4)—— 薛定谔方程、四个量子数

1. D　2. B　3. B　4. 8　5. 7　6. 0.091

附录 2　物理学基本常数

物理学基本常数如表 F2 - 1 所示。

表 F2 - 1　物理学基本常数

物 理 量	符号	供计算用值
真空中光速	c	3.00×10^{8} m/s
万有引力常数	G	6.67×10^{-11} N·m²/kg²
阿伏伽德罗常数	N_A	6.02×10^{23} mol^{-1}
玻尔兹曼常数	k	1.38×10^{-23} J/K
摩尔气体常数(普适气体常数)	R	8.31 J/(mol·K)
理想气体在标准状态下的摩尔体积	V_m	22.4×10^{-3} m^{-3}/mol
洛喜密脱常数	n_0	2.687×10^{25} m^{-3}
普朗克常数	h	6.63×10^{-34} J·s
基本电荷	e	1.602×10^{-19} C
原子质量单位	u	1.66×10^{-27} kg
电子静止质量	m_e	9.11×10^{-31} kg
电子荷质比	e/m_e	1.76×10^{11} C/kg
质子静止质量	m_p	1.673×10^{-27} kg
中子静止质量	m_n	1.675×10^{-27} kg
法拉第常数	F	9.65×10^{4} C/mol
真空电容率	ε_0	8.85×10^{-12} F/m
真空磁导率	μ_0	$4\pi\times10^{-7}$ N/A²

参考文献

[1] 张三慧. 大学物理学[M]. 3 版. 北京：清华大学出版社，2010.

[2] 吴玲，陈林飞，徐江荣. 物理学原理及工程应用(上册)[M]. 西安:西安电子科技大学出版社，2021.

[3] 陈林飞，吴玲，徐江荣. 物理学原理及工程应用(下册)[M]. 西安:西安电子科技大学出版社，2021.

[4] 徐江荣，赵金涛. 大学物理教程(上册)[M]. 北京：科学出版社，2010.

[5] 徐江荣，葛凡. 大学物理教程(下册)[M]. 北京：科学出版社，2010.

[6] 赵金涛. 大学物理习题集[M]. 北京：科学出版社，2010.

[7] 曹则贤. 军事物理学[M]. 上海：上海科技教育出版社，2022.

[8] 刘延柱. 趣味刚体动力学[M]. 北京：高等教育出版社，2008.

[9] 倪光炯，王炎森. 物理与文化：物理思想与人文精神的融合[M]. 2 版. 北京：高等教育出版社，2009.